高等职业教育"十三五"规划教材

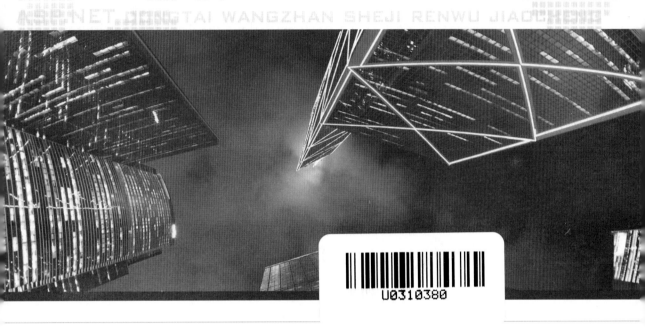

ASP.NET
动态网站设计任务教程

张趁香　陈俊贤　编著

中国铁道出版社有限公司
CHINA RAILWAY PUBLISHING HOUSE CO., LTD.

内 容 简 介

本书采用"大案例贯穿——做中学"课程设计，用一个较综合的案例贯穿教材全部知识点，每一单元以任务的方式提出需求，分析所用到的知识点，最后使用知识点的内容实现所提出的任务。本书共分为 8 个单元，单元 1 和单元 2 主要介绍静态网页中用到的知识点；单元 3 到单元 5 主要介绍了 ASP.NET 中数据绑定的相关知识；单元 6 介绍了数据输入及有效性验证的相关知识；单元 7 属于提高的内容，主要介绍了网站上数据的导出与打印；单元 8 介绍了 ASP.NET 内部对象与网站的部署。

本书秉承"合理确定教学内容，精彩展现教学内容"的理念，从思考模拟工作情景到恰到好处地提出工作任务（含知识点和技能点），努力做到实用、够用、能学、会用，重在培养学生的职业岗位能力，突出岗位操作技能，可以作为高职院校各专业的教材。

本书配备了相关的微课视频，可以到 http://mooc1.chaoxing.com/course/99237154.html 网站观看、学习。

图书在版编目（CIP）数据

ASP.NET 动态网站设计任务教程 / 张趁香，陈俊贤编著. —北京：中国铁道出版社，2018.2（2021.1重印）
高等职业教育"十三五"规划教材
ISBN 978-7-113-24167-4

Ⅰ.①A… Ⅱ.①张… ②陈… Ⅲ.①网页制作工具-程序设计-高等职业教育-教材 Ⅳ.①TP393.092

中国版本图书馆 CIP 数据核字（2017）第 328253 号

书　　名：ASP.NET 动态网站设计任务教程
作　　者：张趁香　陈俊贤

策　　划：汪　敏　　　　　　　　　　　　编辑部电话：（010）51873628
责任编辑：秦绪好　卢　笛
封面设计：付　巍
封面制作：刘　颖
责任校对：张玉华
责任印制：樊启鹏

出版发行：中国铁道出版社有限公司（100054，北京市西城区右安门西街 8 号）
网　　址：http://www.tdpress.com/51eds/

印　　刷：三河市宏盛印务有限公司

版　　次：2018 年 2 月第 1 版　　2021 年 1 月第 2 次印刷
开　　本：787mm×1092mm　1/16　印张：13.75　字数：331 千
印　　数：2 001～3 000 册
书　　号：ISBN 978-7-113-24167-4
定　　价：39.00 元

版权所有　侵权必究

凡购买铁道版图书，如有印制质量问题，请与本社教材图书营销部联系调换。电话：（010）63550836
打击盗版举报电话：（010）63549461

PREFACE 前　　言

　　随着科技的进步，工业与信息化融合的加速推进，社会对实用技能型人才的需求也越来越大，企业对人才的需求是高职教育人才培养的风向标，软件企业普遍欢迎的是有一定理论基础，具备项目开发整体思路，动手能力强，具备团队协作意识，学习能力强的人才，如何突出这一点？本书秉承"合理确定教学内容，精彩展现教学内容"的理念，从思考模拟工作情景，到提出工作任务（含知识点和技能点），做到实用、够用、能学、会用，重在培养学生的职业岗位能力，突出岗位操作技能。本书采用"大案例贯穿——做中学"课程设计，用一个较综合的案例贯穿整本书知识点，每一单元以任务的方式提出需求，然后分析所用到的知识点，最后使用知识点实现所提出的任务。

　　本书的开发和实施以教学作为基础，作者来自教育第一线和企业，有丰富的教学经验和项目开发经验。

　　本书以培养岗位职业能力为主线，全书分为八个单元，对应.NET 开发工程师的岗位需求，以程序员的成长过程来重组任务、知识点和技能点，并使用案例贯穿知识点，在帮助学生掌握并应用基础知识的同时，为项目开发做准备。单元 1 和单元 2 主要介绍静态网页中用到的知识点：单元 1 先介绍 B/S 结构中开发前端界面所用到的知识点，具体有 DIV、框架、超链接、样式等相关知识，先提出任务需求，然后对需求用到的知识点进行分析和分解，接下来完成具体实现步骤，在说明中总结所用到的知识点；单元 2 介绍了前端界面开发的交互性设置，使用 JavaScript 知识点，通过相关案例来介绍和加强 Javascript 的用法；单元 3 到单元 5 主要介绍了 ASP.NET 中数据绑定的相关知识，数据绑定控件的具体用法，代码的实现等，是整本书的核心，同样也是使用 ASP.NET 开发 B/S 项目的核心单元，需要和 SQL Server 数据库相结合，案例知识丰富，学生可以通过查看操作步骤完成一个项目，提高自己项目开发的能力；单元 6 介绍了数据输入及有效性验证的相关知识，在项目开发中，表单验证也是一个非常重要的工作，本单元中详细给出了开发网站的常用任务，贯穿相关知识点，让学生灵活运用知识点；单元 7 属于提高的内容，主要介绍了网站上数据的导出与打印；单元 8 介绍了 ASP.NET 内部对象与网站的部署。

　　在本书的编写过程中，苏州工业园区服务外包职业学院张趁香负责全书的架构设计、部分章节的编写及全书审稿、统稿，陈俊贤参与了部分章节的编写。本书的编写得到了陆正、陈栋良的帮助，也得到了许多学生的支持，在此感谢他们在本书形成过程中提供的各种贡献。

　　本书体现了高职教育的发展规律，内容适应软件技术等专业教学改革需要，适合在平时的教学中使用本书的课程设计方式和案例。

编　者
2017 年 12 月

CONTENTS 目 录

绪 论

单元 1　网页布局与样式设置

任务 1-1　使用 DIV 布局网页 4
任务 1-2　使用 DIV 实现仿 Windows 窗口的设计 8
任务 1-3　使用 DIV 实现大小可变仿 Window 窗口的设计 9
任务 1-4　使用 TABLE 实现大小可变仿 Windows 窗口的设计 11
任务 1-5　使用 frameset 实现页面布局 12
任务 1-6　超链接样式的设置与引用 16
任务 1-7　列表样式与 IFrame 的使用 18
任务 1-8　使用 DIV 实现区域的滚动 20
任务 1-9　图形菜单的建立 21

单元 2　使用 JavaScript 实现客户端编程

任务 2-1　建立有验证的登录界面 24
任务 2-2　带关闭功能的登录界面的制作 27
任务 2-3　回车后自动切换输入焦点的实现 28
任务 2-4　限时关闭窗口的实现 29
任务 2-5　循环字幕 31
任务 2-6　IP 地址有效性验证 32
任务 2-7　图形菜单外观的动态设置 34
任务 2-8　图形菜单的动态响应 36
任务 2-9　图形选项卡的制作 38
任务 2-10　二级下拉菜单的制作 40

目录 CONTENTS

  任务 2-11 可编辑下拉列表框的制作 43

  任务 2-12 弹出式对话框的制作 44

单元 3 动态页面与数据绑定

  任务 3-1 客户端和服务器端当前时间的显示（有刷新）................. 52

  任务 3-2 网站的发布 54

  任务 3-3 使用 Ajax 框架无刷新显示服务器端当前时间 56

  任务 3-4 使用 XMLHTTP 对象无刷新显示服务器端当前时间 59

  任务 3-5 利用数据绑定显示服务器端当前时间 61

  任务 3-6 使用数据绑定显示页面按钮累计单击次数 61

  任务 3-7 使用集合对象为列表类控件提供数据源 63

  任务 3-8 使用数据表为列表类控件提供数据源 65

  任务 3-9 使用数据阅读器为列表类控件提供数据源 68

  任务 3-10 使用 GridView 控件显示数据库表 70

单元 4 数据源配置与数据显示

  任务 4-1 使用 SqlDataSource 为 GridView 控件提供数据源 73

  任务 4-2 使用 DetailsView 显示 GridView 控件中选择的记录 78

  任务 4-3 实现 GridView 控件中邮件发送和主页链接 80

  任务 4-4 使用 DetailsView 显示 DataList 中选择记录 83

  任务 4-5 用 Repeater 控件实现记录的表格显示 86

  任务 4-6 使用 Repeater 控件实现记录背景交替与分隔显示 88

  任务 4-7 使用 ObjectDataSource 为 Repeater 控件提供数据源 90

  任务 4-8 使用两个 GridView 控件实现父子数据表的显示 93

单元 5　数据源配置与数据更新

任务 5-1　使用 GridView 控件实现数据库表记录的修改 98
任务 5-2　使用 GridView 控件实现数据库表记录的插入 99
任务 5-3　使用 DetailsView 控件实现数据库表记录的增删改 101
任务 5-4　使用 DropDownList 控件实现 GridView 中数据输入 103
任务 5-5　使用 DetailsView 控件实现数据库表记录的增删改查........106
任务 5-6　使用 DataList 控件实现数据表记录的增删改查 110
任务 5-7　实现 GridView 控件中记录的滚动......................................116
任务 5-8　使用 Repeater 控件实现数据库表记录的全屏操作 118

单元 6　数据输入及有效性验证

任务 6-1　使用服务器端控件实现非空或非空白验证 129
任务 6-2　实现静态页面表单数据向动态页面的传递 134
任务 6-3　使用客户端脚本实现日期范围的客户端验证 136
任务 6-4　使用服务器端验证控件实现日期范围的验证 139
任务 6-5　使用 Calendar 控件实现日期输入与验证 142
任务 6-6　带文本框日历控件的制作 144
任务 6-7　使用客户端 Calendar 组件实现日期时间的输入................145
任务 6-8　使用 FCKEditor 编辑器组件实现富文本的输入 147
任务 6-9　实现 DropDownList 控件的有刷新二级联动 149
任务 6-10　实现 DropDownList 控件的无刷新二级联动 151
任务 6-11　使用 TreeView 控件实现树形菜单....................................155

目录 CONTENTS

单元 7 数据导出与打印

任务 7-1　使用 Crystal Reports 实现数据集单表查询数据输出 ……… 161

任务 7-2　使用 Crystal Reports 实现数据集多表关联数据输出 ……… 164

任务 7-3　使用 Crystal Reports 实现数据集多表查询数据输出 ……… 166

任务 7-4　使用 Crystal Reports 实现统计图表的输出 ……………………… 168

任务 7-5　使用.NET 对象作为数据源设计 Crystal Reports …………… 170

任务 7-6　使用\<table\>标签将数据记录导出到 Excel 文件 ………………… 175

任务 7-7　使用 Excel 对象库将数据记录导出到 Excel 文件 ……………… 176

任务 7-8　使用 GDI+绘制验证码 ………………………………………………… 179

任务 7-9　使用 VML 绘制时钟 …………………………………………………… 182

任务 7-10　使用 FusionCharts 组件绘制图表 ………………………………… 185

单元 8 ASP.NET 内部对象与网站部署

任务 8-1　使用 Cookie 对象记录客户信息 ……………………………………… 190

任务 8-2　使用 ViewState 对象记录客户登录页内失败的次数 ………… 191

任务 8-3　使用 Session 对象向其他页面传递客户登录信息 …………… 193

任务 8-4　使用 Application 对象记录当前在线访客 ………………………… 195

任务 8-5　使用 Cache 对象存储用户表信息 …………………………………… 197

任务 8-6　使用内部对象制作简易的 AJAX 聊天室 ………………………… 200

任务 8-7　配置 Web.config，实现对不同文件夹下的文件授权 ………… 203

任务 8-8　网站部署与发布 …………………………………………………………… 208

任务 8-9　制作 Web 网站的安装项目 …………………………………………… 210

ASP.NET 的工作原理

ASP.NET 是建立在.NET 基础之上的,在运行 ASP.NET 的服务器上必须安装了.NET,要理解 ASP.NET 的工作原理就必须理解.NET、.NET Framework、公共中间语言。

1. .NET

对于.NET,微软公司也没有一个详细确切的定义。但是可以这样认为:.NET 是微软公司要提供的一系列产品的总称。具体说来,.NET 由下面的几个部分组成:.NET 战略、.NET Framework、.NET 企业服务器和.NET 开发工具。

.NET 战略是指把所有的设备通过 Internet 连接在一起并把所有的软件作为这个网络所提供的服务的想法。

.NET Framework 是一个程序设计环境,它提供了具体的服务和技术,方便开发人员建立相应的应用程序。

.NET 企业服务器是指 SQL Server 2013 之类由.NET Framework 应用程序使用的服务器端产品。它们虽然不是由.NET Framework 编写成的,但是它们都支持.NET。

为了能够在.NET Framework 上进行程序开发,微软把 Visual Studio 进行升级,并把升级后的产品命名为 Visual Studio.NET。这就是.NET 开发工具。

2. .NET Framework

.NET Framework 是.NET 战略的核心。.NET Framework 分为以下几个部分:MS 中间语言、CLR、.NET Framework 类库、.NET 语言、ASP.NET 和 Web 服务。

MS 中间语言是.NET 的通用语言。无论使用哪一种.NET 语言编写的程序代码,在执行之前,都会把它编译成为 MS 中间语言。

CLR(Common Language Runtime,公共语言运行库)用于执行 MS 中间语言。

.NET Framework 类库中包含了大量可以实现重要功能的代码库。用户在编写程序的时候可以很方便地把这些库调用到应用程序中,实现更加复杂的功能。由于这些类库的存在，使得编写功能强大的程序更加容易。

.NET 语言是指可以将使用其编写的代码编译成为 MS 中间语言的编程语言。常见的语言有 VB.NET 和 C#等。

Web 服务是指可以通过 Web 访问的组件。

3. 公共中间语言

在.NET Framework 中使用高级语言（如 VB.NET、C#等）编写的程序，需要在运行前将其编译成为中间语言（如 MS 中间语言）。需要注意的是，中间语言并不是一种可以直接执行的机器代码。与高级语言编写的代码相比，它的可读性很差，但是进行了一系列的优化。

为了执行中间语言，需要一个执行环境 CLR。CLR 在.NET Framework 中的位置十分重要，可以说是.NET Framework 的基础。CLR 用 JIT(Just-In-Time)编译器把中间语言代码编译成可以执行的代码，并对程序进行最后的、与机器相匹配的优化，使得程序可以在所在计算机上尽可能高效地运行。

采用这种方式的原因是，早期的编译方式是把程序源代码直接编译成机器代码。这时编译好的程序虽然也进行了与机器相匹配的优化，但是这些优化都是针对编译源代码的机器进行的。如果把编译好的程序放到其他类型的机器上，那么所进行的优化就有可能没有任何意义，并且如果机器的硬件发生变化，那么还有编译后的程序无法执行的可能，因为新的机器可能没有原来机器所拥有的某种资源。而如果采用了公共中间语言的方式，就可以很好地解决这个问题。由于中间语言与机器无关，所以它可以在任何一个可以运行 CLR 的机器上运行。并且由于所有的关于机器的优化都是由 CLR 进行的，所以不存在早期编译所产生的由于机器不同而导致不兼容的问题。

4. ASP.NET 的工作原理

首先，有一个 HTTP 请求发送到 Web 服务器要求访问一个 Web 网页。Web 服务器通过分析客户的 HTTP 请求来定位所请求网页的位置。如果所请求的网页的文件扩展名是.aspx，那么就把这个文件传送到 aspnet_isapi.dll 进行处理，由 aspnet_isapi.dll 把 ASP.NET 代码提交给 CLR。如果以前没有执行过这个程序，那么就由 CLR 编译并执行，得到纯 HTML 结果；如果已经执行过这个程序，那么就直接执行编译好的程序并得到纯 HTML 结果。最后把这些纯 HTML 结果传回浏览器作为 HTTP 响应。浏览器收到这个响应之后，就可以显示 Web 网页。工作原理及流程如图 0-1 所示。

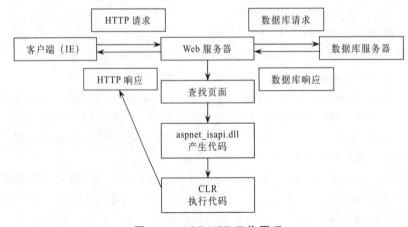

图 0-1　ASP.NET 工作原理

单元 1

网页布局与样式设置

本单元要点

- DIV 标签属性与网页布局
- 仿 Windows 界面设计
- 使用框架集进行页面布局
- 设置超链接的显示样式
- 样式引用方式
- 建立一个滚动区域
- 建立图形化的水平菜单

任务 1-1 使用 DIV 布局网页

需求：

按图 1-1 所示的样式进行页面布局的设计。

图 1-1　页面布局

分析：

整体部分分为上中下三部分，中间部分又分为左中右三个子部分，这里包含了 DIV 的嵌套结构。这个任务基本上包括了页面布局中所有可能的需求。

这一任务虽然可以通过<table>标签实现，这里我们采用 DIV+CSS 完成所给任务的设计。

DIV 作为网页中的 HTML 标签，主要作用是作为容器，容纳文字、图像、子 DIV 和其他 HTML 标签。

CSS（Cascading Style Sheets，层叠样式表）。在页面设计中采用 CSS 技术，可以有效地对页面的布局、字体、颜色、背景和其他效果实现更加精确的控制。CSS 中的样式可以被同一页的多个标签或不同页面的多个标签所引用，在统一界面的风格上有着不可或缺的重要作用。

在实现这一任务时，可以采用自顶向下、由简到繁的方法完成设计，在讲述中逐渐引出必要的知识点和操作方法。

实现：

第一步，新建一个网站（即项目），并添加新项“HTML 页面”。打开页面的“源”选项卡，将“<title>无标题页</title>”改为“<title>网页布局</title>”，在原有的 body 内，添加三个并列的 DIV，并在第一个 DIV 中添加文字“我的 LOGO”，在第二个 DIV 中添加文字“主体部分”，在第三个 DIV 中添加文字“版权信息：苏州工业园区服务外包职业学院信息技术系”，所产生的源代码如图 1-2 所示。

```
<html xmlns="http://www.w3.org/1999/xhtml">
<head>
    <title>网页布局</title>
</head>
<body>
    <div >
        我的LOGO
    </div>
    <div >
        主体部分
    </div>
    <div>
        版权信息：苏州工业园区服务外包职业学院信息技术系
    </div>
</body>
</html>
```

图 1-2　三个 DIV 源代码

从图 1-3 中可以看出，并列的三个 DIV 在没有设置任何样式的情况下，空间是垂直排列的，这是 DIV 默认的布局方式。

方法提示：VS 2013 中添加标签时有自动完成结束标签的功能。

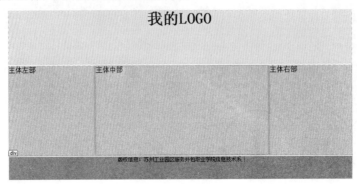

第二步，按图 1-4 设置三个 DIV 的背景色，从上到下分别为："#EEE""#CCC""#AAA"，它们是深浅不同的三种灰色，目的在于看出三个 DIV 不同区域。

图 1-3　三个 DIV 呈上中下排列

图 1-4　设置三个 DIV 的不同背景

设置方法：在 VS 2013 中的"源"中按下列格式，直接输入 style 样式设置，所产生的代码和静态页面如清单 1-1 所示。

清单 1-1　上中下三个不同背景 DIV 层

```
<html xmlns="http://www.w3.org/1999/xhtml">
<head>
    <title>网页布局</title>
</head>
<body>
    <div style="background-color:#EEE;">
        我的 LOGO
    </div>
    <div style="background-color: #CCC;">
        主体部分
    </div>
    <div style="background-color: #AAA;">
        版权信息：苏州工业园区服务外包职业学院信息技术系
    </div>
</body>
</html>
```

方法提示：VS 2013 中设置样式时有智能提示（Ctrl+J）。

第三步，设置上中下三个 DIV 之间的边距为 5 px。

只需设置第二个 DIV 的 style 样式的上边距属性和下边距属性为 5 px，如清单 1-2 所示。

清单 1-2　设置第二个 DIV 层的外间距

```
<div style="background-color: #CCC; margin-top:5px;margin-bottom:5px;">
    主体部分
</div>
```

界面效果如图 1-5 所示。

第四步，将第一个 DIV 和第三个 DIV 的文本居中显示。

只需在它们的 style 中设置属性 text-align: center。

界面效果如图 1-6 所示。

图 1-5　设置上中下三部分的间隔

图 1-6　设置文本水平居中

第五步，改变第一个 DIV 和第三个 DIV 的区域高度，使之分别为 120 px 和 50 px。
只需在样式中设置属性 height: 120px 和 height: 50 px，产生的界面效果如图 1-7 所示。

第六步，改变第一个 DIV 和第三个 DIV 中文本的字体相关样式属性。

第一个 DIV 设置大小为 36 px 并加粗，第三个 DIV 设置大小为 12 px。

只需在第一个 DIV 中设置 font-size:36px 和 font-weight:bold，第三个 DIV 中设置 font-size:12px，产生的界面效果如图 1-8 所示。

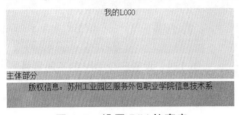 

图 1-7　设置 DIV 的高度　　　　图 1-8　设置第三个 DIV 的字体大小

第七步，将以上三个 DIV 宽度都设置为 800px，并要求它们相对 IE 浏览器窗口水平居中，方法有两种：

方法一：设置每个 DIV 样式属性；

方法二：添加一个父 DIV 以包容这三个 DIV，只要设置父 DIV 样式属性就能控制内层的 DIV。

后一种方法显然不仅减少了代码量，同时也提高了可维护性，建议读者在今后的界面布局或程序设计中尽量减少代码重复量，提高代码可重用性和可维护性。CSS 主要意义也就在于此，外层定义过的部分样式会自动被内层所继承。

如果按照清单 1-3 的方法，则产生图 1-9 所示的界面效果。

清单 1-3　使内部居中的 DIV 层

```
<div style="width:800px;text-align:center;">
<!- 其他三个 div 的定义，为节省篇幅此处被省略 ->
</div>
```

图 1-9　外层水平居中对内层的影响

图 1-9 的水平居中不符合任务的要求，它只是将内层文本居中，并未让内层 DIV 居中，这是因为内层 DIV 文本继承使用了 "text-align: center" 样式属性的设置，将上中下 DIV 内的文本居中。如果将三个 DIV 看作文本就能实现这一要求，实现办法按清单 1-4，在此 DIV 外层再加一个更外一层的 DIV 将 "text-align: center" 样式属性的设置移入其中。

清单 1-4　设定内部 DIV 层缺省宽度

```
<div style="text-align: center;">
    <div style="width:800px; ">
        <!- 其他三个 DIV 的定义，为节省篇幅此处被省略 ->
```

```
        </div>
    </div>
```

产生的界面效果如图 1-10 所示。

图 1-10　使内层 DIV 居中

第八步，去除主体部分中文字，添加三个水平排列的 DIV 将其高度设为 400 px（也可以设置其上层的高度为 400 px，本层高度设置为 100%），改变默认的垂直排列方式，使得下一个 DIV 出现在前一个 DIV 的右边，除了设置前一个 DIV 的宽度之外，重要的还要设置其 float 属性为 left，最右边 DIV 可以不设置。为使左中右留有间隙，在主体中部 DIV 上设置相关的 margin 属性。清单 1-5 是主体部分源代码。

清单 1-5　建立左中右排列的三个 DIV 层

```
<div style="background-color: #CCC; margin-top: 5px; margin-bottom: 5px; text-align: left; height: 400px;">
    <div style="background-color: #DDD; width: 200px; height: 100%; float: left;">
        主体左部</div>
    <div style="background-color: #DDD; width: 400px; height: 100%; float: left; margin-left: 5px; margin-right: 5px;">
        主体中部</div>
    <div style="background-color: #DDD; width: 190px; height: 100%;">
        主体右部</div>
</div>
```

产生的效果如图 1-11 所示。

图 1-11　主体部分添加了三个水平排列的 DIV

> **说明**
>
> 外层 DIV 标签的样式属性设置："text-align: center"，不能使自身居中，只能使其开始标记<div>和结束标记</div>之间的内容居中，这样作为内部三个 DIV 的容器，它被居中放置了，同时这些设置一直被传入最内层；如果想让"主体部分"文本左对齐（见图 1-11），只需在其 DIV 标签中添加样式属性设置："text-align: left"，以覆盖外层的相同样式属性设置即可。
>
> 对 position:fixed 属性的设置 IE 7.0 是支持的，而 IE 6.0 却不支持。如何使用某一个 DIV 位置固定，将在下一单元中通过 JavaScript 解决。
>
> 左中右间隙的颜色是由主体中间 DIV 的背景色决定，将#CCC 改为#FFF，就能实现白色间隙

任务 1-2　使用 DIV 实现仿 Windows 窗口的设计

需求：

完成特殊方框输出界面的设计使用。画出图 1-12 所示的圆角方框，并在框内相应位置实现文本的显示。

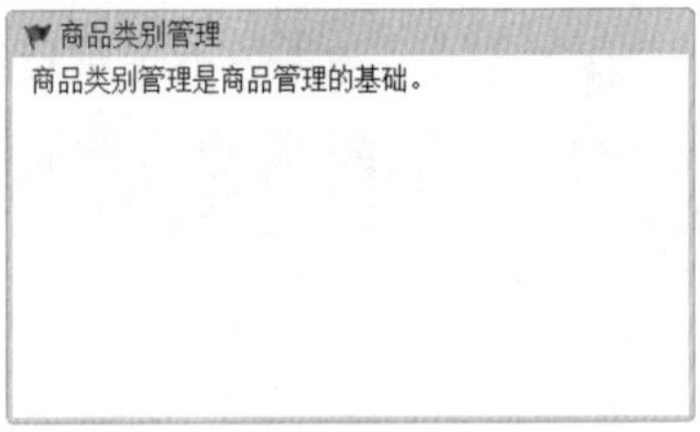

分析：

假定方框的大小固定为 410px*240px，一种比较简单的办法是将上图作 DIV 背景图像，在其内部添加两个子 DIV，在子 DIV 中区分标题和内容文本。

技术关键是子 DIV 的定位。

图 1-12　仿 Windows 窗口

实现：

第一步，添加 DIV 以背景方式显示方框图像，代码如清单 1-6 所示。

清单 1-6　建立显示方框图像 DIV 层

```
<div style="position: absolute; width:410px;height:240px;background-image:url(images/all2.png)" >
</div>
```

第二步，在其中添加两个 DIV，定位方式为绝对定位（absolute），并设置其内部文本。代码如清单 1-7 所示。

绝对定位其实也不是真正相对于窗口用户区的左上角，而是相对于其容器的左上角确定横坐标与纵坐标。

清单 1-7　建立标题 DIV 层和内容 DIV 层

```
<!-- 设置背景 -->
<div style=" position: absolute;width: 410px; height: 240px; background-image: url(images/all2.png)">
    <!-- 设置标题 -->
    <div style="position: absolute; left: 32px; top: 6px;">
```

```
            商品类别管理</div>
        <!-- 设置内容 -->
        <div style="position: absolute; left: 15px; top: 32px;">
            商品类别管理是商品管理的基础。
        </div>
</div>
```

标题栏图像的高度是 28px（可通过 Windows 附件—画图软件实现），DIV 默认字体的大小为 16px，绝对定位情况下 DIV 的 top 的取值为(28-16)/2=6px。当然也可以在设置了绝对定位后用拖放的方法可视化定位。

如果将标题文本的字体大小设为 12px，则它的 top 应设为(28-12)/2=8px。

> **说明**
>
> 当 DIV 采用了绝对定位后，可以选中该 DIV，在其左上方出现一个 ✥ 图标，拖动该图标就可以将对应 DIV 安放在某个位置。但这种定位只能在设计时使用，如果要精确控制或动态代码控制就需要设置其 top 属性和 left 属性。
>
> 用整幅图像作为圆角方框的背景图，虽然实现起来比较简单，但其代价是花较长时间传输一幅图。下个任务将介绍使用 DIV 实现大小可变的仿 Windows 窗口。
>
> 如何实现圆角方框相对于浏览器内容区域水平居中，读者可以参照任务 1-1。

任务 1-3　使用 DIV 实现大小可变仿 Window 窗口的设计

需求：

实现指定长宽尺寸（600px*400px）的圆角方框。

分析：

用特定长宽尺寸的图像实现指定长宽尺寸的圆角方框，图形所占空间太大，影响下载速度，这种做法不可取。利用背景图像填充的原理，将背景图像中重复部分（四条边和一个中心）尽可能去除，再将图像切割成 9 块，分别保存到文件中作为填充图像。

实现：

第一步，将图分成 9 块不重复的区域，分别按图 1-13 所示进行编号。得到 9 个图像文件。用 Windows 附件—画图分别从大图中截取这 9 个图，保存到某个文件夹中。

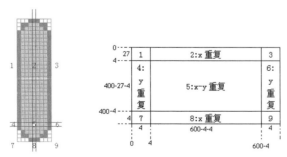

图 1-13　9 个图像切片与页面结构

第二步，用 9 个 DIV 绝对定位组成这样的矩形。假定要实现 600px*400px 的方框，除去图像 5 四周的像素点，中间部分为(600-4-4)px*(400-28-4)px =592px*368px。其页面的源代码为清单 1-8。

清单 1-8　整体定位 DIV 层和内部 9 个 DIV 层

```
<-- 整体定位 -->
    <div style="position: absolute; left: 100px; top: 100px; width: 600px; height: 400px;">
        <div style="position: absolute; left: 0px; top: 0px; width: 4px; height: 27px; background-image: url(images/1.png)">
        </div>
        <div style="position: absolute; left: 4px; top: 0px; width: 592px; height: 27px; background-image: url(images/2.png)">
        </div>
        <div style="position: absolute; left: 596px; top: 0px; width: 4px; height: 27px; background-image: url(images/3.png)">
        </div>
        <div style="position: absolute; float: left; top: 27px; left: 0px; width: 4px; height: 369px; background-image: url(images/4.png)">
        </div>
        <div style="position: absolute; left: 4px; top: 27px; width: 592px; height: 369px; background-image: url(images/5.png)">
        </div>
        <div style="position: absolute; float: left; top: 27px; left: 596px; width: 4px; height: 369px; background-image: url(images/6.png)">
        </div>
        <div style="position: absolute; float: left; top: 396px; left: 0px; width: 4px; height: 4px; background-image: url(images/7.png)">
        </div>
        <div style="position: absolute; top: 396px; left: 4px; width: 592px; height: 4px; background-image: url(images/8.png)">
        </div>
        <div style="position: absolute; float: left; top: 396px; left: 596px; width: 4px; height: 4px; background-image: url(images/9.png)">
        </div>
    </div>
```

图 1-14 所示为清单 1-8 产生的 600px*400px 的圆角方框。

> **说明**
> 　　以上的坐标定位都采用绝对定位 position:absolute，它不是相对于整个浏览器定位，而是相对于其容器左上角定位。
> 　　下一个 DIV 的 z-index 大于前一个 DIV 的 z-index，其层高于前一个。所以图标、标题和内容的 DIV 必须添加在背景 DIV 的后面。

如果要使用指定颜色作为是中间背景色，应如何实现，请读者思考实现。

使用 TABLE 能较好地实现大小可变仿 Windows 窗口的设计，这里只是为了加深读者对 DIV 的绝对定位深刻理解与熟练使用。下一个任务将介绍使用 TABLE 实现大小可变仿 Window 窗口的设计。

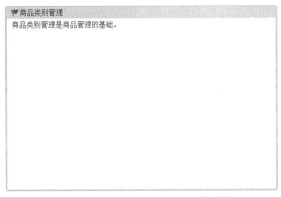

图 1-14　600px*400px 的圆角方框

任务 1-4　使用 TABLE 实现大小可变仿 Windows 窗口的设计

需求：

同任务 1-3，实现指定长宽尺寸（600px*400px）的圆角方框。

分析：

利用 TABLE 行列对齐的特点，将 DIV 换成 TABLE 中的 TD，首行 TD 控制宽度，每行 TR 控件高度。

实现：

第一步，添加新项"HTML 页"，从工具箱的 HTML 选择卡中拖入 TABLE。

第二步，指定<table>标签的属性 cellspacing="0"和 cellpadding="0"，使得每一个相邻图像无缝相连。

第三步，分别设置 3 个 tr 的高度 height 样式属性为 27px、369px 和 4px。

第四步，分别设置首行 3 个 td 的宽度样式属性为 4px、592px 和 4px。

第五步，分别设置 9 个 td 的背景图像 background-image 样式属性。

第六步，在 table 标签之外添加一个 DIV 以控制 TABLE 位置。整个代码如清单 1-9 所示。

清单 1-9　整体定位 DIV 层和 3*3 表格

```
<div style="position: absolute; left: 100px; top: 100px;">
    <table cellspacing="0" cellpadding="0">
        <tr style="height: 27px;">
            <td style="background-image: url(images/1.png); width: 4px;">
            </td>
```

```
            <td style="background-image: url(images/2.png); width: 592px;">
            </td>
            <td style="background-image: url(images/3.png); width: 4px;">
            </td>
            <tr style="height: 369px;">
                <td style="background-image: url(images/4.png);">
                </td>
                <td style="background-image: url(images/5.png);">
                </td>
                <td style="background-image: url(images/6.png);">
                </td>
            </tr>
            <tr style="height: 4px;">
                <td style="background-image: url(images/7.png); ">
                </td>
                <td style="background-image: url(images/8.png); ">
                </td>
                <td style="background-image: url(images/9.png); ">
                </td>
            </tr>
        </table>
</div>
```

> **说明**
>
> TABLE 使用在数据传输量不大的场合，如果需要将多幅较大图片拼接在一起，则不太适宜，在显示时它要将整个图形全部下载到客户端才能显示出图像。本任务中 9 个图形都很小，因此可以使用此种方法。
>
> TABLE 定位规范，但又失去灵活。而 DIV 作为容器独立使用，定位很灵活，使用很方便，所以很多人喜欢在 DIV 标签中通过设置样式完成许多意想不到的功能。

任务 1-5　使用 frameset 实现页面布局

使用框架集不仅可以布局页面，同时还可以在一个页面内打开另一个页面。

需求：

按图 1-15 所示的样式进行页面布局，将整个显示区域划分成三个区域，即三个框架，其关系为整个页分为上下结构的框架集，下面结构又是由一个左右结构的框架集。上框架区域高度为 50px，不可改变，剩余空间给下框架集，下框架集内包含左框架和右框架，左框架区域的宽度为 199px，可以改变，剩余空间给右框架，左右框架之间留 10px 的间距。

分析：

由于右框架区域是主要显示区域，显示内容的数量不定，因此，这部分应带有滚动条，而其他框架不带滚动条。

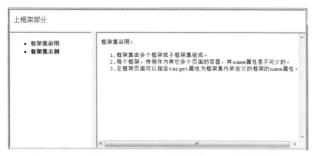

图 1-15 使用 frameset 实现页面布局运行界面

实现：

为测试框架集，建立五个文件。

1. "框架集.aspx" 文件，文件代码见清单 1-10

清单 1-10 含有三个框架的框架集文件

```
<html>
<head>
    <meta http-equiv="Content-Type" content="text/html; charset=gb2312" />
    <title>框架文件</title>
</head>
<frameset rows="50,*">
    <frame src="上框架.htm" name="upFrame"  noresize="yes" />
    <frameset cols="199,*" border="10">
        <frame src="左框架.htm " name="leftFrame" frameborder="yes" />
        <frame src="" name="rightFrame" scrolling="yes"  frameborder="yes"/>
    </frameset>
</frameset>
</html>
```

框架集垂直分割用 rows 属性，水平分割用 cols 属性，如 rows="50,*"和 cols="199,*"。

框架一般是要给出 name 属性，特别是主显示区域的框架（本任务中为右框架）必须给出 name 属性，该属性是为超链接页面提供目标地址 target。

框架的 frameborder 属性表示框架是否有边框，默认无边框。

框架的 scrolling 属性表示框架是否有滚动条，默认无滚动条。

框架的 noresize 属性表示框架是否固定区域的大小，默认不固定。

为了确保汉字的正常显示，框架文件的 head 标签内，添加下列<meta>标签的属性设置：
<meta http-equiv="Content-Type" content="text/html; charset=gb2312" />。

其他框架的其他属性就不再多介绍，读者可以查找相关资料。

2. 建立 "上框架.htm" 文件

本任务对这部分要求很简单，只显示信息。代码见清单 1-11。

清单 1-11 显示在上框架的页面文件 "上框架.htm"

```
<body>
    <div>
    上框架部分
```

```
        </div>
</body>
```

3．建立"左框架.htm"文件

本任务对这部分只要求能建立两个超链接，实现在右框架中显示相应内容页面即可，主要部分见清单 1-12。

清单 1-12　左框架页面文件"左框架.htm"

```
<body>
    <ul>
        <li><a href="右框架1.htm" target="rightFrame" >框架集说明</a></li>
        <li><a href="右框架2.htm" target="rightFrame" >框架集示例</a></li>
    </ul>
</body>
```

4．建立"右框架1.htm"文件，右框架1.htm 的主要内容见清单 1-13

清单 1-13　显示在右框架的页面文件"右框架1.htm"

```
<head runat="server">
    <title>框架集说明</title>
</head>
<body>
    <div>
        <pre>
框架集说明:
1.框架集由多个框架或子框架集组成。
2.每个框架，特别作为其他多个页面的容器，其 name 属性是不可少的。
3.左框架页面可以指定 target 属性为框架集内所定义的框架的 name 属性。
        </pre>
    </div>
</body>
```

这里使用的 pre 标签表示按文本的原来格式显示内容，如空格照原样显示。

5．建立"右框架2.htm"文件，右框架2.htm 的主要内容见清单 1-14

清单 1-14　显示在右框架的页面文件"右框架2.htm"

```
<head runat="server">
    <title>框架集示例</title>
</head>
<body>
<pre>
框架集示例:
一、框架集定义:
&lt;html xmlns="http://www.w3.org/1999/xhtml"&gt;
    &lt;head&gt;
        &lt;meta http-equiv="Content-Type" content="text/html; charset=gb2312" /&gt;
        &lt;link rel="stylesheet" href="css/common.css" type="text/css" /&gt;
        &lt;title&gt;先打开主框架文件&lt;/title&gt;
    &lt;/head&gt;
    &lt;frameset cols="199,*"  cols="*"  frameborder="no"  border="0"
```

```
framespacing="0"&gt;
            &lt;frame src="左框架.aspx" name="leftFrame" frameborder="no"
scrolling="No" noresize="noresize" title="左框架" /&gt;
            &lt;frame src="右框架.aspx" name="rightFrame" frameborder="no"
scrolling="No" noresize="noresize" title="右框架" /&gt;
        &lt;/frameset&gt;
    &lt;/html&gt;

二、左框架定义：
&lt;!DOCTYPE html PUBLIC "-//W3C//DTD XHTML 1.0 Transitional//EN"
"http://www.w3.org/TR/xhtml1/DTD/xhtml1-transitional.dtd"&gt;
&lt;html xmlns="http://www.w3.org/1999/xhtml"&gt;
&lt;head id="Head1" runat="server"&gt;
    &lt;title&gt;左框架&lt;/title&gt;
&lt;/head&gt;
&lt;body&gt;
    &lt;form id="form2" runat="server"&gt;
        &lt;ul&gt;
            &lt;li&gt;&lt;a href="右框架.aspx" target="rightFrame"&gt;框架集说明&lt;/a&gt;&lt;/li&gt;
            &lt;li&gt;&lt;a href="右框架.aspx" target="rightFrame"&gt;框架集举例&lt;/a&gt;&lt;/li&gt;
        &lt;/ul&gt;
    &lt;/form&gt;
&lt;/body&gt;
&lt;/html&gt;
</pre>
</body>
```

> **说明**
>
> ul 标签表示一个列表集合，li 标签表示列表集合中的一个列表项，li 标签只能在 ul 标签内。
>
> pre 标签表示按文本的原来格式显示内容（包括空格），但遇到标签仍不能做到照原样显示。解决方法是将小于号"<"替换成"<"，大于号">"替换成">"即可，最终显示结果如图 1-16 所示。

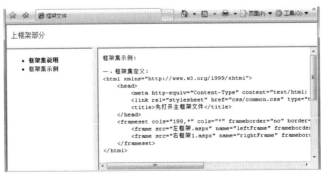

图 1-16　框架集页面

框架集文件不是页面，不能有 body，更不能有 form。这有时也带来了设计上的不便。取而代之的是 iframe，它是 VS 2013.NET 中许可的标签，将在任务 1-7 中介绍。

如果需要使页面两侧分别保留 50px 空隙，可以利用 frameset 嵌套，在原 frameset 基础上外套一个更大的 frameset，见清单 1-15。

清单 1-15　用框架预留左右两侧间距

```
<frameset cols="50,*,50">
    <frame src="" />
    <!-- 内部 frmaeset -->
    <frame src="" />
</frameset>
```

任务 1-6　超链接样式的设置与引用

超链接作用是实现用户页面导航功能，它有如下四种状态：

A:link：初始状态；

A:visited：已访问状态；

A:active：正访问状态；

A:hover：鼠标移入状态。

超链接样式设置主要有以下几个方面属性：

字体名：font-family；

字号：font-size；

字体加粗：font-weight；

下画线：text-decoration；

前景色：color；

背景色：background-color；

背景图像：background-image。

属性设置的一组示例如下：

font-size: 10pt;

color: #fff;

font-family: "ms shell dlg", tahoma;

text-decoration: none;

font-weight: bold;

background-color: #000;

background-image:url(../images/hi.gif)。

需求：

按表 1-1 要求进行超链接样式的设计。

表 1-1　超链接不同状态及其样式属性设计

超链接样式设置	A:link 初始状态	A:visited 已访问状态	A:active 正访问状态	A:hover 鼠标移入状态
字体名	楷体			
字号	10pt（磅）			
下画线	none			
字体加粗	normal（默认值）	normal（默认值）	bold	bold
前景色	#000（默认值为蓝色）	#000（默认值为紫色）	#F00（默认值为紫色）	#FFF（默认值为紫色）
背景色	#FFF（默认值）			#000

注：12 磅=15 像素。

分析：

为了简化样式表的书写，提高可重用性，将前三个共同属性放在样式 A 中定义，其他样式只需定义出各自特有的样式即可。

实现：

定义超链接样式。样式定义见清单 1-16。

清单 1-16　超链接不同状态样式定义

```
a {
    font-size: 10pt;
    font-family: 楷体;
    text-decoration: none;
}
a:link
{
    color: #000;
}
a:visited {
    color: #00f;
    font-weight: bold;
}
a:active {
    color: #f00;
    font-weight: bold;
}
a:hover {
    color: #fff;
    font-weight: bold;
    background-color: #000;
}
```

说明

CSS 样式引用有三种不同级别：

第一级别：在标记内设置 style 属性。只对本标记有效。

> **说明**
>
> 第二级别：在<head><style>…</style></head>中定义。对本网页文件有效。
>
> 第三级别：在 CSS 文件中定义。可让多个网页文件共同使用。
>
> CSS 级别越高在统一界面风格方面和提高重用性方面就越好。
>
> 第一级别，做法虽然灵活、但不能做到界面风格的统一，在前面已多次使用；第二级别也较简单，只能做到页面内风格的统一。第三级别，以引用 CSS 文件的形式可以在最大程度上实现界面风格统一和代码可重用性。
>
> VS 2013 提供了可视化样式设计方式和智能提示编辑方式实现 CSS 样式的设置。选择标签，在图 1-17 所示的"属性"窗口的 style 属性栏右侧单击"…"按钮后弹出图 1-18 所示的"样式生成器"窗口，利用它方便设计样式，并在下方预览到设计效果。
>
>
>
>
>
> 图 1-17 DIV 标签的"属性"窗口　　图 1-18 "样式生成器"窗口

任务 1-7　列表样式与 IFrame 的使用

需求：

用列表布局超链接，并将超链接所指页面显示在 IFrame 标签中，如图 1-19 所示。

分析：

列表分有序列表 OL（OrderList）和无序列表 UL（UnOrderList），列表包含多个列表项 LI（ListItem），本任务中列表项内容是超链接。将超链接所指页面 src 显示目的区域用 target 属性值表示，它可以是 FrameSet 中的 Frame，也可以是行内框架 IFrame。IFrame 定位更加灵活，可以嵌入页面<table>或<div>标签中。

图 1-19　含有上下两个排列的 IFrame 页面布局

实现：

第一步，新建静态页面，设置页面所用到的 UL、LI、A 等标签的样式。代码见清单 1-17。

清单 1-17　列表与超链接样式的定义

```css
<style type="text/css" >
    * {
        margin:0;
        padding:0;
        font-size:12px;
    }
    #nav {
        background:#06c;
        width:100%;
    }
    #nav li {
        display: inline;/*同一行内*/
    }
    #nav li a:link,#nav li a:visited {
        float:left;/*水平排列*/
        padding:5px 15px ;/*上右[=上]下[=上]左[=右] 上不可省略，其他可以省略*/
        color:#fff;
        text-decoration: none;/*无下画线*/
        background:#06c;
        border-right: 1px solid #fff;/*白色分隔线*/
    }
    #nav li a:hover {
        background:#060;
    }
</style>
```

第二步，建立用户界面，通过设置 UL 的 id 属性引用#nav，将超链接的 target 属性分别设置 IFrame1 和 IFrame2。代码见清单 1-18。

清单 1-18　项目列表定义

```html
<div style="position: absolute; left: 0px; top: 0px; width: 750px; height: 40px;">
    <ul id="nav" >
        <li><a href=" http://www.sina.com" target="Iframe1">新浪</a></li>
        <li><a href="http://www.baidu.com" target="Iframe1">百度</a></li>
        <li><a href=" http://www.sina.com" target="Iframe2">新浪</a></li>
        <li><a href="http://www.baidu.com" target="Iframe2">百度</a></li>
    </ul>
</div>
```

第三步，添加两个 IFrame，使用 style 属性上下布局，设置它们的 name 属性为 IFrame1 和 IFrame2。代码见清单 1-19。

清单 1-19　上下布局的内框架 IFrame

```html
<iframe style="position: absolute; left: 150px; top: 40px; width: 400px; height: 200px;" src="" name="Iframe1" width="100%"></iframe>
<iframe style="position: absolute; left: 150px; top: 240px; width: 400px; height: 200px;" name="Iframe2" src="" width="100%"></iframe>
```

第四步，浏览页面。至此，本任务已经完成。

> **说明**
>
> Iframe 标签中 name 属性必须指定，这样才能在超链接中通过设置 target 属性为 Iframe 标签中的 name 属性发挥 Iframe 标签作为页面容器的作用。
>
> 以"#"为前缀的样式名（如本任务中#nav）用 id="样式名"引用；以"."为前缀的样式名用 class="样式名"引用。读者可以将两样式定义中的"#"改为"."，与之对应的 id 改为 class，页面效果相同。使用"#"有双重功能，既能标识标签，又能设置样式引用。
>
> 标签及其样式是相互对应的，标签可以并列与嵌套，样式定义也可以并列与嵌套。使用空格实现嵌套定义，如本任务中的#nav li a:link 表示在 id="nav"标签下 li 标签下的 a:link 样式。使用逗号实现并列定义，如本任务中的#nav li a:link,#nav li a:visited{…}表示两个样式同时定义为一种样式。
>
> 本任务中将样式定义部分放在页面的头部<head>，使得本页面 body 内的所有标签共享样式定义，为了进一步提高样式表文件的可重用性，将样式定义集中到样式表文件中，在引用样式表文件的页面头部<head>添加对样式文件的引用即可。代码见清单 1-20。
>
> 清单 1-20　对样式文件的链接引用
>
> `<link type="text/css" rel="stylesheet" href="../StyleSheet.css" />`

任务 1-8　使用 DIV 实现区域的滚动

需求：

用 DIV 嵌套建立一个如图 1-20 所示的滚动区域。

图 1-20　可滚动的区域

分析：

在一个 DIV 内放置另一个 DIV，前一个 DIV 是一个小窗口，后一个 DIV 显示内容较大，通过样式属性设置前一个在溢出时自动出现滚动条。

实现：

第一步，新建一个静态页面，从工具箱的"HTML"选项卡中选择"Div"拖放一个 DIV 到页面表单（form）中。

第二步，继续从工具箱的"HTML"选项卡中选择"Div"拖放一个 DIV 到前一个 DIV 中。

第三步，设置前一个 DIV 样式属性，如清单 1-21 所示。

清单 1-21 由"样式生成器"产生的具有四个边框且自动滚动的 DIV 层

```
<div style="width: 653px; height: 364px; left: 70px; top: 65px;
overflow: auto;
border-right: silver thin solid; border-top: silver thin solid;
border-left: silver thin solid; border-bottom: silver thin solid;">
</div>
```

这是用"样式生成器"得到的样式属性，对于四边样式相同时只需将它设置简化为总边框的样式设置 border：silver thin solid，而不必对每个边进行设置，这就是使用手工编码的优点。简化后上面样式属性如清单 1-22 所示。

清单 1-22 简化后的具有四个边框且自动滚动的 DIV 层

```
<div style="width: 653px; height: 364px; left: 70px; top: 65px;
overflow: auto; border: silver thin solid; ">
</div>
```

第四步，在后一个 DIV 中放入<pre>标签以显示大量内容，注意在不对 DIV 做任何样式属性设置时，其高度大多按实际需要而定。

> **说明**
>
> 本任务中后一个 DIV 作为前一个 DIV 的内容，滚动的是后一个 DIV。当然也可以直接将<pre>标签取代后一个 DIV，同样也能实现滚动效果。
>
> 使用一个 DIV 也可以实现本任务所要求的滚动区域。

任务 1-9 图形菜单的建立

需求：

用拼图的方法组成图 1-21 所示的图形菜单，菜单图形部分能根据菜单标题文字的长度自动适应。

图 1-21 水平图形菜单

分析：

每个激活菜单和未激活菜单区域是由三个部分组成的，左右两部分大小固定，中间部分因标题文字的长度而变化，为此将中间部分设置为背景图像填充。

实现：

第一步，将菜单分成两类：激活（不带底线的彩色）和未激活（带底线的灰色），并为此建立 active 和 deactive 文件夹。

第二步，找出图 1-22 所示的激活菜单和未激活菜单中三个不重复的最小部分，分别保存在相应的文件夹中。

第三步，建立一个静态页面，添加多个 DIV，其中包含 1 个一级的 DIV，3 个二级 DIV 和 9 个三级的 DIV，具体源代码见清单 1-23。

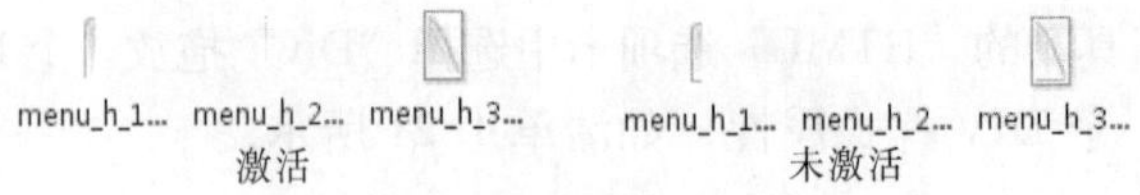

图 1-22 水平菜单所用图形

清单 1-23 水平图形菜单

```html
<div>
    <div style="float:left;">
        <div style="float: left;">
        <img src="../images/menu_deactive/menu_h_1.png" /></div>
        <div id="菜单1" style="float: left;height: 21px;
        background-image: url(../images/menu_deactive/menu_h_2.png);
            font-size: 12px; padding-left: 4px; padding-top: 4px;">商品类别管理
        </div>
        <div><img src="../images/menu_deactive/menu_h_3.png" /></div>
    </div>
    <div style="float:left;">
        <div style="float: left; ">
            <img src="../images/menu_active/menu_h_1.png" /></div>
        <div id="菜单2" style="float: left;height: 21px;
        background-image: url(../images/menu_active/menu_h_2.png);
            font-size: 12px; padding-left: 4px; padding-top: 4px;">商品管理
        </div>
        <div>
            <img src="../images/menu_active/menu_h_3.png" /></div>
    </div>
    <div>
        <div style="float: left;">
            <img src="../images/menu_deactive/menu_ h_1.png" />
        </div>
        <div id="菜单3" style="float: left;height: 21px;
        background-image: url(../images/menu_deactive/menu_h_2.png);
            font-size: 12px; padding-left: 4px; padding-top: 4px;">库存管理
        </div>
        <div>
            <img src="../images/menu_deactive/menu_h_3.png" />
        </div>
    </div>
</div>
```

> 说明

使用 TABLE 也可以构造 menu，代码部分见清单 1-24。

清单 1-24 使用 TABLE 构造 menu

```html
<table cellspacing="0" cellpadding="0">
    <tr>
      <td>
            <img src="menu_active/menu_h_1.PNG" /></td>
        <td style="background-image: url(menu_active/menu_h_2.PNG);
padding-left: 10px; padding-right: 10px;">标题菜单</td>
        <td>
            <img src="menu_active/menu_h_3.PNG" /></td>
    </tr>
</table>
```

单元 2

使用 JavaScript 实现客户端编程

本单元要点

- JavaScript 编程的基础知识
- 访问标签及其属性
- 客户端标签的键盘事件与鼠标事件
- 客户端定时事件
- 正则表达式与正则验证
- 使用 DIV 改变内容标签的位置与尺寸
- 使用 Table 布局其他标签

JavaScript 的使用可以最大限度将计算放在客户端进行，尽早进行有效验证，增加动画特效等，以增强用户的体验。

JavaScript 内容博大精深，这里只介绍其最本质的理论和最普遍的应用。

任务 2-1　建立有验证的登录界面

需求：

建立一个如图 2-1 所示的登录界面，保证用户名和密码都有非空（或全空格）的输入。

分析：

用 JavaScript 脚本读取客户端文本框的值并进行判断，用户名和密码为空时，产生提示，并返回 false，不产生提交。

实现：

第一步，新建一个页面，在页面上添加一个 DIV，选择一个如图 2-2 所示的图片作为登录界面背景图片。

图 2-1　登录界面

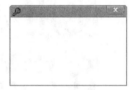
图 2-2　登录界面窗口

第二步，在界面上新建四个 DIV，其作用分别为：顶级区域、登录界面区域、标题区域、内容区域。

其中顶级区域包容了登录界面区域，用于控制其内容的字体大小为 12px；登录界面区域包容了标题区域和内容区域，用于设置登录界面的背景图片。其代码如清单 2-1 所示，设计界面如图 2-3 所示。

图 2-3　添加了标题和内容区域的登录界面窗口

清单 2-1　登录界面区域及其标题区域和内容区域的定义

```
<body>
    <form id="form1" runat="server">
    <div style="font-size: 12px;">
        <div style="background-image: url(login.png);
        width: 243px; height: 163px">
            <div style="position: absolute; left: 42px; top: 21px;">
                登录
            </div>
            <div style="position: absolute; left: 32px; top: 55px;
            width: 199px; height: 99px;">内容
            </div>
        </div>
    </div>
```

```
        </form>
    </body>
```

注：设置了 style="position: absolute"的 DIV 可以在"设计"选项卡中进行自由拖放以设置区域位置和大小属性。

第三步，为使登录界面中的文字与控件对齐，在内容区域删除文字"内容"，放入 table，并设置其相应属性。其代码如清单 2-2 所示，设计界面如图 2-4 所示。

清单 2-2　布局内容区域<table>标签的定义

```
<table style="height: 94px">
    <tr>
        <td style="width: 92px">
        </td>
        <td style="width: 160px">
        </td>
    </tr>
    <tr>
        <td>
        </td>
        <td>
        </td>
    </tr>
    <tr>
        <td colspan="2">
        </td>
    </tr>
</table>
```

第四步，在 TABLE 中输入文字和 HTML 控件（标签），拖放 HTML 控件（标签）和表格列，直至布局合适为止，产生界面如图 2-5 所示。

图 2-4　内容区域中添加<table>标签

图 2-5　<table>标签中添加可见标签

所用 HTML 控件（标签）及其属性设置如清单 2-3 所示。

清单 2-3　内容区域 HTML 控件（标签）及其属性设置

```
<input id="txtUserName" style="width: 111px" type="text" />
<input id="txtPassword" style="width: 110px" type="password" />
<input id="Reset1" style="width: 73px" type="reset" value="重置" />
<input id="Submit1" style="width: 76px" type="submit" value="提交" />
```

两个按钮相对表格单元水平靠右，它们的父级 td 标签添加如下相应样式属性设置：style="text-align: right"。

第五步，实现用户名和密码的非空验证。

在 submit 按钮中添加一个属性设置 onclick="return onSubmit()"，即：

```
<input id="Submit1" style="width: 76px" type="submit" value="提交" onclick="return onSubmit();"/>
```

在<head>节中或在界面源代码的最后编写代码应完成以下几件事：
① 由 id 获取 HTML 标签（或称控件）；
② 由 HTML 标签访问其属性；
③ 由 HTML 标签其属性进行判断；
④ 未通过验证的，弹出消息框，提示相关出错信息；
⑤ 返回 false，禁止提交到服务端。

源代码如清单 2-4 所示。

清单 2-4　客户端提交函数的定义

```
<script type="text/JavaScript" language="JavaScript">
  function onSubmit()
  {
      //由 id 获取 HTML 标签（或称控件）
      var txtUserName = document.getElementById("txtUserName")
      //由 HTML 标签访问其属性
      var UserName = txtUserName.value;
      //由 HTML 标签其属性进行判断
      if(UserName.length==0){
          //未通过验证的，弹出消息框，提示相关出错信息
          alert("用户名不能为空");
          //返回 false,禁止提交到服务端
          return false;
      }
      var txtPassword = document.getElementById("txtPassword")
      var Password = txtPassword.value;
      if(Password.length==0){
          alert("密码不能为空");
          return false;
      }
      alert("你的提交已通过验证");
  }
</script>
```

说明

（1）要使用 JavaScript 必须使用 script 标签。
（2）Function 定义了一个函数（或称方法），函数可以带有形参表。
Var 是定义局部变量，在函数内部定义的，只在本函数内有效，而在函数外定义的则在多个函数中都有效。
（3）函数名和变量名是区分大小写的。
（4）"提交"按钮的单击事件引发了函数 onSubmit 的调用。

（5）"重置"按钮的单击事件不需要另外指定事件处理代码。

（6）在编写 JavaScript 脚本程序时，经常会发生错误。在没其他调试工具的情况下，根据其提供的出错信息及其所在行的行号，为了看清出错行的具体位置，将页面的源代码复制到 VS 2013 的文本文件中；使用 Window 函数 alert() 可以显示你所关心的表达式信息，以帮助 JavaScript 脚本调试。

任务 2-2　带关闭功能的登录界面的制作

需求：

一般状态（鼠标移出时）右上角的"关闭"按钮×显示为白色，当鼠标移入到登录界面右上角的"关闭"按钮区域时，按钮中×突显为红色，单击该按钮区域则隐藏登录界面。

分析：

使用 HTML 标签的鼠标移入、移出与单击事件实现。

实现：

第一步，制作如图 2-6 所示的两个大小相同、按钮中×背景色不同的关闭按钮。

图 2-6　鼠标移出、移入时两个不同图像

第二步，新建文件夹 02，复制任务 2-1 的页面到 02 文件夹中。

第三步，在登录界面 DIV 内放置一个绝对定位的按钮 DIV，设置其 id 为 "btn_Close"，设置背景图像，并按图像大小设置按钮 DIV 的 width 和 height（width: 36px; height: 20px），其代码如清单 2-5 所示。

清单 2-5　关闭按钮区域的定义

```
<div id="btn_Close"
    style="position: absolute; background-image: url(out_qq.png);
    width: 36px; height: 20px; ">
</div>
```

第四步，将登录界面左上角的按钮 DIV 拖放到登录界面标题栏的合适位置(left: 209px; top: 16px)。

第五步，设置按钮 DIV 的鼠标单击事件（click）、移入事件（mouseover）和移出事件（mouseout）处理函数。属性设置如清单 2-6 所示。

清单 2-6　关闭按钮的鼠标事件属性的设置

```
onclick=" btn_Close_click();"
onmouseout=" btn_Close_mouseout();"
onmouseover=" btn_Close_mouseover();"
```

第六步，编写鼠标事件处理函数。为了实现关闭登录界面，需对登录界面 DIV 设置其 id 属性 "frm_Login"。事件代码如清单 2-7 所示。

清单 2-7　关闭按钮的鼠标事件处理函数的定义

```
function btn_Close_click()
{
    var frm_Login=document.getElementById("frm_Login");
    frm_Login.style.display="none";
}

function btn_Close_mouseover()
{
    var btn_Close=document.getElementById("btn_Close");
    btn_Close.style.backgroundImage="url('over_qq.png')";
}

function btn_Close_mouseout()
{
    var btn_Close=document.getElementById("btn_Close");
    btn_Close.style.backgroundImage="url('out_qq.png')";
}
```

> **说明**
> （1）不能将 DIV 的事件处理的函数名设置为事件属性名，如 onclick="onclick()"，否则会因不停地循环调用，造成堆栈溢出。
> （2）设置 DIV 的背景图像时，属性值 url('out_qq.png')中的单引号不能遗漏。
> （3）打开 DIV 显示可以设置样式属性 display 为 block。如果界面中添加一个按钮，则设置按钮的 onclick 属性为 frm_Login.style.display="block"。

任务 2-3　回车后自动切换输入焦点的实现

需求：

在用户名文本框中按【Enter】键将光标移入密码文本框，在密码文本框中按【Enter】键将光标移入"提交"按钮。在用户名文本框和密码文本框失去焦点时检查是否为空，为空则不许焦点移出。

分析：

本任务涉及客户端的键盘事件和设置焦点的方法调用。

实现：

第一步，新建文件夹 03，将任务 2-2 的页面复制到 03 文件夹中。
第二步，将"提交"按钮的类型属性 type 值从 submit 改为 button，以免在按【Enter】键时触发"submit"类按钮单击事件。
第三步，设置用户名文本框和密码文本框的事件处理所用函数：
用户名文本框：onkeyup="txtUserName_keyup()"；
密码文本框：onkeyup="txtPassword_keyup()"。

第四步，编写事件处理函数的函数体，代码如清单 2-8 所示。

清单 2-8　提交按钮的键盘事件处理函数的定义

```
function txtUserName_keyup()
{
   if(event.keyCode==13)
   {
      var txtPassword = document.getElementById("txtPassword");
      txtPassword.focus();
   }
}
function txtPassword_keyup()
{
   if(event.keyCode==13)
   {
      var Submit1 = document.getElementById("Submit1");
      Submit1.focus();
   }
}
```

第五步，在 body 标签中添加 onload 事件处理代码，实现用户名文本框在打开登录界面时获得焦点。代码为：onload="document.getElementById('txtUserName').focus();"。

> **说明**
> 还有一种更为简单 js 编程思想，当键盘按下时，如果事件按键码 event.keyCode 是【Enter】键，则将用【Tab】键代替之。在每个文本框中设置下列属性 onkeydown 为 "if(event.keyCode==13)event.keyCode=9" 即可。

任务 2-4　限时关闭窗口的实现

需求：

限定登录时间在 60 s 之内，如图 2-7 所示。在登录界面的下面显示登录进度栏和"登录还剩??秒"字样。

分析：

本任务需要使用系统的定时事件实现时间的计数。定时事件是增加页面动态效果的首选方法。

图 2-7　添加限时的登录窗口

实现：

第一步，新建文件夹 04，复制任务 2-3 中的页面。

第二步，在登录界面 DIV 中添加两个 DIV 用于显示进度和文本，id 分别为 remainGraph 和 remainText，定位方式为绝对定位，显示进度的 DIV 将其背景色设置为绿色，显示文本的 DIV 设置其文本对齐方式为右对齐。

将两个 DIV 拖放到合适位置,并按显示要求设置其宽度。
至此,两个 DIV 的属性设置如清单 2-9 所示。

清单 2-9　进度条与进度文本 DIV 层的定义

```html
<div id="remainText" style="position:absolute; left: 158px; top: 155px;
width: 78px; height: 15px;text-align:right;">
</div>
<div id="remainGraph" style="position:absolute; background-color:Green;
left: 37px; top: 155px;width: 120px; height: 15px;text-align:right;">
</div>
```

注:remainGraph 设置为 120 px,它是剩余时间的整数倍。

第三步,定义并调用定时事件处理函数,代码如清单 2-10 所示。

清单 2-10　定时事件处理函数的定义与调用(有参数)

```html
<script type="text/JavaScript" language="JavaScript">
    function remtime(rem)
    {
        if(rem>0)
        {
            rem--;
            document.getElementById("remainText").innerText=
            "登录还剩"+rem.toString()+"秒";
            document.getElementById("remainGraph").style.width=
             (rem*2).toString()+"px";
            setTimeout("remtime("+rem.toString()+")",1000);
        }
        else
        {
            alert("时间已到,对不起,你没有机会登录了");
            var frm_Login=document.getElementById("frm_Login");
            frm_Login.style.display="none";
        }
    }
    remtime(60);
</script>
```

> **说明**
>
> (1)语句 remtime(60)不在函数体内,是全局语句,在加载页面过程中遇到即被执行,而函数体内的语句只有在调用函数时才可能被执行。
>
> (2)语句 setTimeout("remtime("+rem.toString()+")",1000)表示 1 000 ms 后执行 remtime("+rem.toString()+")字符串所表示的语句,格式与 remtime(60)相似。
>
> (3)语句 remtime(60)只执行一次,而语句 setTimeout("remtime("+rem.toString()+")", 1000)可能会执行多次,本任务中被执行了 59 次。如果使用全局变量保存剩余时间,则可用清单 2-11 脚本实现相同的功能。

清单 2-11　定时事件处理函数的定义与调用（无参数）

```
<script type="text/JavaScript" language="JavaScript">
    var rem=60;
    remtime();
    function remtime()    {
        if(rem>0)
        {
            rem--;
            document.getElementById("remainText").innerText=
            "登录还剩"+rem.toString()+"秒";
            document.getElementById("remainGraph").style.width=
             (rem*2).toString()+"px";
            setTimeout("remtime()",1000);
        }
        else
        {
            alert("时间已到，对不起，你没有机会登录了");
            var frm_Login=document.getElementById("frm_Login");
            frm_Login.style.display="none";
        }
    }
</script>
```

（4）以上脚本不能放在 DIV 定义之前，否则会造成图 2-8 所示的不能访问标签对象的错误。

图 2-8　IE 在 JavaScript 代码出错时弹出的提示窗口

任务 2-5　循环字幕

需求：

用 DIV 实现循环字幕。

分析：

用两个重叠的 DIV，上层的宽度在变化，下层的宽度不变，上下层的文本颜色不同，字体相同，使用定时事件改变上层的宽度，从而产生循环字幕效果。

实现：

第一步，新建文件夹 05，并在 05 文件夹中新建一个页面，添加三个 DIV。第一个 DIV 用于整个字幕的定位，另外两个分别是上层 DIV 和下层 DIV，它们的样式属性设置如清单 2-12 所示。

清单 2-12　字幕上下两个 DIV 层的定义

```html
<div style="position: absolute;">
    <div id="frontground" style="position: absolute; left: 0px; top: 0px;
    width: 320px;height:16px; color: black;overflow:hidden;">
        苏州工业园区服务外包职业学院信息技术系
    </div>
    <div id="background" style="position: absolute; left: 0px;
    top: 0px;width: 320px;height:16px; color:Red ; overflow: hidden;">
        苏州工业园区服务外包职业学院信息技术系
    </div>
</div>
```

第二步，编写定时处理事件，代码如清单 2-13 所示。

清单 2-13　字幕定时事件客户端编码

```html
<script type="text/JavaScript" language="JavaScript">
var width=0;
var maxwidth=320;
LED ();

function LED()
{
    if(width<maxwidth)
    {
        width+=5;
        document.getElementById("background").style.width=
        width.toString()+"px";
    }
    else
    {
        width = 0;
        document.getElementById("background").style.width=
        width.toString()+"px";
    }
    setTimeout("LED()",100);
}
</script>
```

> **说明**
> 为了让字幕不停地循环，将语句 setTimeout("LED()",100) 放在分支之外。
> 如果要在 windows 的状态栏显示滚动字幕，则在定时事件代码中设置 window.status 即可。

任务 2-6　IP 地址有效性验证

需求：

IP 地址必须具备四个 0～255 的整数，每两个数字之间用小数点分隔。

分析：

任务的重点与难点是如何描述格式信息。JavaScript 为编程者提供了按正则表达式进行正则验证和提取的方法。

实现：

第一步，新建文件夹 06，并在 06 文件夹中新建一个 HTML 页面。

第二步，在 <body> 标签内添加清单 2-14 所示的代码。

清单 2-14　IP 地址输入界面源代码

```
<input id="txtIP" type="text" />
<input id="Button1" type="button" value="验证"
onclick="return isIP(document.getElementById('txtIP').value)"  />
```

第三步，在页面中建立清单 2-15 所示的验证脚本。

清单 2-15　IP 地址输入有效性验证脚本

```
<script type="text/JavaScript" language="JavaScript">
/*
用途：检查输入字符串是否为空或者全部都是空格
输入：str
返回：如果全是空返回 true,否则返回 false
*/
function isNull( str ){
    if ( str == "" ) return true;
    var re = new RegExp("[ ]+");
    return re.test(str);
}

/*
用途：校验 IP 地址的格式
输入：strIP：IP 地址
返回：如果通过验证返回 true,否则返回 false
 */
function isIP(strIP) {
    if (isNull(strIP)){
        alert("IP 地址验证未通过\n\nIP 地址未输入或全为空格");
        return false;
    }
    var re=/(\d+)\.(\d+)\.(\d+)\.(\d+)/g  //匹配 IP 地址的正则表达式
    if(re.test(strIP))
    {
        if( RegExp.$1 <256 && RegExp.$2<256 && RegExp.$3<256 && RegExp.$4<256){
            alert("IP 地址验证通过");
            return true;
        }
        else{
```

```
            alert("IP 地址验证未通过\n\n 至少一个段的数值超过 255");
            return false;
            }
        }
        else{
            alert("IP 地址验证未通过\n\n 格式不正确");
            return false;
            }
        }
    </script>
```

> **说明**

（1）构造正则表达式对象实例的方法有两种：

① 直接给出正则表达式实例，如：var re=/(\d+)\.(\d+)\.(\d+)\.(\d+)/g；

② 以字符串为参数构造正则表达式实例，如 var re= new RegExp("(\d+)\.(\d+)\.(\d+)\.(\d+)"," g")。

（2）用"\d"表示一个数字字符，用"+"表示一个以上的字符，用"\."表示小数点（"."表示任意一个字符），更详细的正则表达式请查找有关资源。

（3）正则表达式/(\d+)\.(\d+)\.(\d+)\.(\d+)/g 由两部分组成：

① /(\d+)\.(\d+)\.(\d+)\.(\d+)表示格式；

② /g 表示查找方式，全文查找（而不是在找到第一个之后就停止）。

（4）正则表达式的方法 test 有两个作用：

① 进行验证测试，返回值为 true 表示验证成功，提供的串匹配正则表达式；

② 提取串中匹配子串，利用正则表达式最外层小括号指定子串模式，使用 RegExp.$1 表达式即可提取第一个匹配子串。

（5）常用的验证除了用于判断 IP 地址格式外，还有整数格式、正整数格式、小数的数字格式、端口号格式、E-mail 格式、金额格式、手机号码格式、字符串格式 1（只由英文字母、数字和下画线组成）、字符串格式 2（只由汉字、字母、数字组成）、日期格式等。

（6）为了提高 JavaScript 代码的重用性，将 JavaScript 存入 js 文件中，在页面上可以通过清单 2-16 所示的方法引用 js 文件，从而达到调用其中函数的目的。

清单 2-16 引用 js 文件

```
<script src="JScript.js" language="JavaScript" type="text/JavaScript">
</script>
```

任务 2-7 图形菜单外观的动态设置

需求：

根据文本长度，动态设置菜单标题文本、图像及其高度。

分析：

改造单元一的任务 1-9，添加各部分 id 属性，使之能用 JavaScript 脚本设置菜单标题文本、图像及其高度。

实现：

第一步，新建文件夹 07，复制任务 1-9 中的页面。

第二步，添加各部分 id 属性，并去掉标题文本、背景图像的样式属性设置，形成清单 2-17 所示的界面源代码。

清单 2-17　菜单界面源代码

```html
<div>
    <div style="float:left;">
        <div style="float: left;">
        <img id="img11"/></div>
        <div id="菜单1" style="float: left;height: 21px;
            font-size: 12px; padding-left: 4px; padding-top: 4px;">
        </div>
        <div><img id="img13" /></div>
    </div>
    <div style="float:left;">
        <div style="float: left;">
        <img id="img21"/></div>
        <div id="菜单2" style="float: left;
            font-size: 12px; padding-left: 4px; padding-top: 4px;">
        </div>
        <div>
            <img id="img23" /></div>
    </div>
    <div>
        <div style="float: left;"><img id="img31" /></div>
        <div id="菜单3" style="float: left; font-size: 12px;
        padding-left: 4px; padding-top: 4px;">
        </div>
        <div><img id="img33" /></div>
    </div>
</div>
```

第三步，编写动态设置菜单标题文本与背景图像 JavaScript 脚本，代码如清单 2-18 所示。

清单 2-18　动态设置菜单标题文本与背景图像

```html
<script language="JavaScript" type="text/JavaScript">
    var height="21px";
    var leftWidth="5px";
    var activeFolder="../images/menu_active/";
    var deactiveFolder="../images/menu_deactive/";

    var menu_caption=new Array();
    menu_caption[1]="百度";
    menu_caption[2]="苏州工业园区服务外包职业学院";
```

```
        menu_caption[3]="126网易邮箱";

        for(i=1;i< menu_caption.length;i++)
        {
           with(document.getElementById("菜单"+i))
           {
                innerHTML= menu_caption[i];
                style.backgroundImage= "url('"+deactiveFolder+"menu_h_2.png')";
                style.height=height;
           }
           document.getElementById("img"+i+"1").src=
           deactiveFolder+"menu_h_1.png";
           document.getElementById("img"+i+"3").src=
           deactiveFolder+"menu_h_3.png";
        }
</script>
```

> **说明**
>
> 访问标签的全局脚本应放在标签加载后，否则会出现对象为空的异常。
>
> 语句 var activeFolder="../images/menu_active/"表示 images 文件夹是当前页面文件父目录的同级目录。
>
> 用 new Aarry()可以创建一个数组实例，简化编程。数组下标从 0 开始，数组大小可以暂不固定。
>
> 使用 with 关键字可以减少对较长的对象表达式的重复使用，使程序更加清晰。

任务 2-8　图形菜单的动态响应

需求：

图形菜单的设计有如下要求：

① 图形菜单要有动感，鼠标移入时菜单标题文本加粗、颜色变红；移出时菜单标题文本颜色变黑。

② 图形菜单要能记忆：能记住单击过的菜单标题文本颜色变蓝；移出单击过的菜单后，其菜单标题文本颜色仍然保持蓝色。

③ 图形菜单要可响应：能在页面上显示超链接信息。

分析：

本任务涉及鼠标移入事件、移出事件、单击事件，用数组对象保存所有菜单标题，使用全局变量记录单击过的菜单编号。

实现：

第一步，新建文件夹 08，复制任务 2-7 中的页面。

第二步，在 3 个图形菜单的标题<div>标签中添加鼠标移入移出事件属性，它们的设置基本相同，onmouseover 设置为"div_mouseover(this)"，onmouseout 设置为"div_mouseout(this)"。

第三步，编写图形菜单的标题<div>标签鼠标移入、移出事件处理函数，具体如清单 2-19 所示。

清单 2-19　图形菜单鼠标移入、移出事件处理函数的定义

```
function div_mouseover(obj)
{
    obj.style.color="red";
}

function div_mouseout(obj)
{
    obj.style.color="black";
}
```

第四步，在 3 个图形菜单的标题<div>标签中添加相同的鼠标单击事件属性设置，onclick 均设置为"div_click (this)"。

第五步，添加一个变量 cur_act，用来记录当前被单击菜单的序号，设置其初值为 0，修改移出事件的代码，使刚被单击的菜单标题保持蓝色文本。具体如清单 2-20 所示。

清单 2-20　鼠标移出时保持被单击的菜单标题文本仍为蓝色

```
var cur_act=0;//只执行一次
function div_mouseout(obj)
{
    var s=obj.id;
    if(parseInt(s.substring(2),10)!=cur_act)
    {
        obj.style.color='black';
    }
}
```

第六步，为菜单设置将打开的链接地址，添加一个 id 为 info 的<div>标签，并定义一个数组实例存储相应的链接地址。信息显示标签定义如清单 2-21 所示。

清单 2-21　链接地址数组实例定义

```
var link=new Array();
link[1]="http://www.baidu.com";
link[2]="http://www.hcit.edu.cn";
link[3]="http://www.126.com";
```

第七步，编写图形菜单的标题<div>标签鼠标单击事件处理函数，以修改文本属性和激活属性，如清单 2-22 所示。

清单 2-22　图形菜单单击事件处理函数的定义

```
function div_click(obj)
{
    var s=obj.id;
    cur_act=parseInt(s.substring(2),10);
    for(i=1;i<=3;i++)
        if(i==cur_act)
        {
```

```
            document.getElementById("img"+i+"1").src=
        activeFolder+"menu_ h_1.png";
            document.getElementById("img"+i+"3").src=
        activeFolder+"menu_ h_3.png";
            with(document.getElementById("菜单"+i).style){
                backgroundImage="url(\""+activeFolder+"menu_h_2.png\")";
                color='red';
            }
        }
        else
        {
            document.getElementById("img"+i+"1").src=
        deactiveFolder+"menu_ h_1.png";
            document.getElementById("img"+i+"3").src=
        deactiveFolder+"menu_ h_3.png";
            with(document.getElementById("菜单"+i).style){
                backgroundImage="url(\""+deactiveFolder+"menu_h_2.png\")";
                color='black';
            }
        }
        info.innerHTML="<a href="+link[cur_act]+">"+menu_caption[cur_act]+ "</a>";
}
```

> **说明**
> 显示超链接停息只是为了表现可记忆的功能，其实可以使用语句直接将当前页面导航到相应的链接地址，如 window.location.href=link[cur_act]。

任务 2-9　图形选项卡的制作

需求：

在图形菜单的基础上，制作图形选项卡，如图 2-9 所示。选项卡内容区域的大小为 400 px*240 px，选项卡标题区域的左侧留有 30 px 空白横线，选项卡标题区域的右侧按剩余空间填满空白横线。

分析：

为了使选项卡标题区域两侧有空白横线，这里采取了将选项卡内容区域置于选项卡标题区域的垂直下方，没有图形的部分用内容区域边框线填充，为了产生良好的视觉，内容区域的边框颜色应与图形菜单中非激活菜单的底线一致。

图 2-9　图形选项卡

实现：

第一步，新建文件夹 09，在 09 文件夹中新建名为"图形选项卡.htm"的页面。
第二步，在页面中添加两个 DIV，分别作为图形选项卡标题区域和内容区域，采用绝对定位方式，将选项卡标题区域的 z-index 设为 100，内容区域的 z-index 设为 99。代码如清单 2-23 所示。

清单 2-23　图形选项卡标题区域和内容区域的定义

```
<div style="position: absolute; left: 30px; z-index: 100;">
</div>
<div style="position: absolute; z-index: 99; width: 400px; height: 240px;">
</div>
```

第三步，复制任务 2-8 中的图形菜单部分。

第四步，在内容区域放入一个 DIV 作为显示边框，边框颜色为#CCC，代码如清单 2-24 所示。

清单 2-24　内容区域样式设置

```
<div style="position: absolute; left: 0px; top: 24px; height: 100%; width: 100%; border: solid 1px #ccc;">
</div>
```

第五步，在显示边框的 DIV 内放入三个用来显示具体信息的页面 DIV，代码如清单 2-25 所示。

清单 2-25　用来显示各自信息的三个 DIV

```
<div id="frame1" style="position: absolute; height: 100%; width: 100%;">
    <div id="content1" style="position: absolute; left: 20px; top: 20px;">
    </div>
</div>
<div id="frame2" style="position: absolute; height: 100%; width: 100%;">
    <div id="content2" style="position: absolute; left: 20px; top: 20px;">
    </div>
</div>
<div id="frame3" style="position: absolute; height: 100%; width: 100%;">
    <div id="content3" style="position: absolute; left: 20px; top: 20px;">
    </div>
</div>
```

第六步，为使每个选项内容页面不可见，在初始脚本中添加清单 2-26 所示的代码。

清单 2-26　隐藏所有选项内容页面代码段

```
for(i=1;i<menu_caption.length;i++)
{
    document.getElementById("frame"+i).style.visibility="hidden";
    document.getElementById("content"+i).innerText=menu_caption[i];
}
```

第七步，为使单击图形菜单后显示相应的内容页，改写鼠标单击事件的处理函数代码。具体内容如清单 2-27 所示。

清单 2-27　选项卡鼠标单击事件的处理函数

```
function div_click(obj)
{
    var s=obj.id;
```

```
            document.getElementById("frame"+cur_act).style.visibility="hidden";
            cur_act=parseInt(s.substring(2),10);
            document.getElementById("frame"+cur_act).style.visibility="visible";

            for(i=1;i<menu_caption.length;i++)
                if(i==cur_act)
                {
                    document.getElementById("img"+i+"1").src=
                  activeFolder+"menu_h_1.png";
                    document.getElementById("img"+i+"3").src=
                  activeFolder+"menu_h_3.png";
                    with(document.getElementById("菜单"+i).style){
                        backgroundImage="url(\""+activeFolder+"menu_h_2.png\")";
                        color='red';
                    }
                }
                else
                {
                    document.getElementById("img"+i+"1").src=
                  deactiveFolder+ "menu_h_1.png";
                    document.getElementById("img"+i+"3").src=
                  deactiveFolder+ "menu_h_3.png";
                    with(document.getElementById("菜单"+i).style){
                        backgroundImage="url(\""+deactiveFolder+"menu_h_2.png\")";
                        color='black';
                    }
                }
        }
```

> **说明**
>
> z-index 大的 DIV 排列在小的 DIV 上面，而默认情况是"后来者居上"。
> Border 的样式设置按提示顺序给出：solid 1px #ccc。
> 绝对定位时，left 和 top 属性默认值为 0 px。
> 使用表达式 menu_caption.length，而不用具体常量 3 作为循环变量的上界，可以提高程序的可维护性。

任务 2-10　二级下拉菜单的制作

需求：

当鼠标移到某个一级菜单项之内时，自动显示它的二级下拉菜单；
当鼠标移到某个一级菜单项之外时，自动隐藏它的二级下拉菜单。
一级菜单可以水平排列，也可以垂直排列。

分析：

为了方便控制二级下拉菜单的显示或隐藏，以及显示位置，这里将二级下拉菜单置于一个 DIV 中，所有的 DIV 都使用绝对定位。

实现：

第一步，新建文件夹 10，在 10 文件夹中新建一个 HTML 页面。

第二步，在页面中添加一个用于表示一级菜单的 DIV，设置一级菜单 DIV 的相应样式属性及一级菜单标题文本，代码如清单 2-28 所示。

清单 2-28　一级菜单的 DIV

```
<div>
    资料设置
</div>
```

第三步，为使一级菜单具有弹出效果，添加其尺寸样式属性、溢出样式属性和移入移出事件处理代码。在一级菜单的 DIV 中添加二级下拉菜单的容器，并设置其位置样式属性，代码如清单 2-29 所示。

清单 2-29　一级菜单的 DIV 与水平二级下拉菜单的 DIV

```
<div style="position: absolute; width: 64px; height: 16px; overflow: hidden;" onmouseout="this.style.overflow='hidden';" onmouseover="this.style. overflow='';">
    资料设置
    <div style="position: absolute; left: 64px; top: 0px;"></div>
</div>
```

第四步，在二级下拉菜单的容器中添加二级菜单列表，代码如清单 2-30 所示。

清单 2-30　二级下拉菜单的容器与水平二级菜单列表

```
<div onmouseout="this.style.overflow='hidden';" onmouseover="this.style.overflow='';" style="position: absolute; overflow:hidden;width: 64px; height: 16px; top: 0px;">
    资料设置
    <div style="position: absolute; left: 64px; top: 0px;">
        <div style="position: absolute; left: 0px; top: 0px; background-color: #DDD; width: 120px;">
            <a href="#">基本资料设置</a>
        </div>
        <div style="position: absolute; top: 16px; background-color: #DDD; width: 120px;">
            <a href="#">用户设置</a>
        </div>
        <div style="position: absolute; top: 32px; background-color: #DDD; width: 120px;">
            <a href="#">商品类别设置</a>
        </div>
        <div style="position: absolute; top: 48px; background-color: #DDD; width: 120px;">
            <a href="#">商品信息设置</a>
        </div>
```

```
            <div style="position: absolute; top: 64px; background-color: #DDD;
            width: 120px;">
                <a href="#">供应商信息设置</a>
            </div>
        </div>
    </div>
```

第五步，为了使一级菜单开始不显示二级菜单，应设置一级菜单的样式属性 overflow 为 hidden。至此，一个二级菜单制作就完成了。

说明

制作水平排列的一级菜单及其对应二级菜单，因为二级菜单在一级菜单下方显示，所以，其容器的属性设置为 left: 64px 和 top: 0px。

如果要制作一个，只需将二级菜单容器的位置属性修改一个即可。代码如下：

left: 0px; top: 16px;

绝对定位在定位方面容易理解与操作，但有时位置属性的设置比较复杂。

使用相对定位（相对于当前输出位置），制作菜单最为方便，其中二级菜单容器的 top 属性为-16px，表示实际位置的高度相对于当前位置上移 16 px，即与一级菜单标题文本顶端对齐。下面给出相对定位的二级菜单的代码清单 2-31 供读者参考。

清单 2-31 相对定位的二级菜单

```
<!--相对定位垂直排列的二级菜单-->
<div onmouseout="this.style.overflow='hidden';" onmouseover="this.style.overflow='';" style="position: relative; overflow:hidden; width: 64px; height: 16px; top: 16px; text-align:center;">
    资料设置
    <div style="position:relative; text-align:left; width: 120px;left:64px;top:-16px;">
        <div style="background-color: #DDD;">
            <a href="#">基本资料设置</a>
        </div>
        <div style="background-color: #DDD;">
            <a href="#">用户设置</a>
        </div>
        <div style="background-color: #DDD;">
            <a href="#">商品类别设置</a>
        </div>
        <div style="background-color: #DDD;">
            <a href="#">商品信息设置</a>
        </div>
        <div style="background-color: #DDD;">
            <a href="#">供应商信息设置</a>
        </div>
    </div>
</div>
```

```html
<!--相对定位水平排列的二级菜单-->
<div onmouseout="this.style.overflow='hidden';" onmouseover="this.style.overflow='';"style="position: relative; overflow: hidden; width: 64px; height: 16px; top: 16px;">
    资料设置
    <div style="position:relative; text-align:left; width: 120px;">
        <div style="background-color: #DDD;">
            <a href="#">基本资料设置</a>
        </div>
        <div style="background-color: #DDD;">
            <a href="#">用户设置</a>
        </div>
        <div style="background-color: #DDD;">
            <a href="#">商品类别设置</a>
        </div>
        <div style="background-color: #DDD;">
            <a href="#">商品信息设置</a>
        </div>
        <div style="background-color: #DDD;">
            <a href="#">供应商信息设置</a>
        </div>
    </div>
</div>
```

任务 2-11　可编辑下拉列表框的制作

需求：

下拉列表框提供文本可选项，同时也能由用户输入可选项之外的文本。

分析：

添加文本框和下拉列表两个标签，使用两个绝对定位的 DIV 作为它们的容器，调整 DIV 位置及文本框和下拉列表大小，使两者编辑区完全重叠，在下拉列表标签的选项改变时，将选项值写入文本框标签中，从而实现下拉列表框的可编辑功能。

实现：

第一步，新建文件夹 11，添加一个页面。

第二步，在页面中添加两个作为容器的 DIV，并设置其相应属性，代码如清单 2-32 所示。

清单 2-32　两个重叠的容器

```html
<div style="position:absolute; top:0px; left:0px;">
</div>
<div style="position:absolute; left:0px; top:0px;">
</div>
```

第三步，在第一个容器中添加下拉列表标签，使其作为下层标签，并设置其相关属性，代码如清单 2-33 所示。

清单 2-33　下拉列表标签设置

```
<select id="Select1" style=" width:138px" onchange="Text1.value=this.value">
    <option value="">==请选择==</option>
    <option value="A">A</option>
    <option value="B">B</option>
    <option value="C">C</option>
</select>
```

第四步，在第二个容器中添加文本框标签，使其作为上层标签（默认为后来者居上），并设置其相关属性，代码如清单 2-34 所示。

清单 2-34　文本框标签设置

```
<input id="Text1" type="text" style="width:115px; border-right:none " />
```

第五步，为及时将下拉列表标签选取值送到文本框标签中，在下拉列表标签中设置事件属性 onchange 为 "document.getElementById('Text1').value=this.value;"。

第六步，添加命令按钮标签以读取 Text1 中的值，属性设置见清单 2-35，代码设置如清单 2-36 所示。

清单 2-35　命令按钮标签设置

```
<input id="Button1" style=" width: 75px;" type="button" value="确定" onclick="return Button1_onclick()" />
```

清单 2-36　命令按钮标签单击事件处理函数

```
<script language="JavaScript" type="text/JavaScript">
    function Button1_onclick() {
        alert("你输入的是:\n"+Text1.value);
    }
</script>
```

> **说明**
>
> 下拉列表右侧的小按钮宽度为 22 px，所以下拉列表标签宽度要比文本框标签宽 22 px。
>
> 运行后发现文本框标签偏下 1 px，所以将文本框标签容器的 top 属性改为-1 px，以实现两个标签的完全重叠，另外文本框的右边框应去除（border-right:none）。
>
> 如果文本框标签 id 是唯一的，则可以简写下拉列表标签 onchange 的属性，其代码为 onchange="Text1.value=this.value"。
>
> 本任务中不可用 DIV 定位其他标签，可以直接设置文本框标签和下拉列表标签的定位方式（position）为绝对定位（absolute），然后再设置位置大小等属性。

任务 2-12　弹出式对话框的制作

需求：

用 DIV 制作图 2-10 所示的弹出式对话框。

实现如下功能：
① 对话框有标题栏显示标题；
② 用文本"关闭"实现对话框的关闭功能；
③ 用标题栏实现对话框的拖放功能；
④ 对话框打开时的初始位置在 IE 文档用户区的中心（即水平居中、垂直居中）；
⑤ 可以控制模态或非模态。

图 2-10　弹出式对话框

分析：

使用一个 DIV 标签作为对话框容器，将标题栏、"关闭"文本和内容部分作为三个独立的 DIV 置于对话框容器中。这三个 DIV 都采用绝对定位以便对它们合理布局。通过标题栏的拖放改变对话框容器的位置。通过单击"关闭"文本隐藏对话框容器实现整个对话框的关闭。

模态对话框的实现是通过一个中间 DIV 覆盖下层 DIV，从而阻止对下层 DIV 的操作。

实现：

第一步，新建文件夹 12，在 12 文件夹中添加 HTML 页面。

第二步，在页面中添加作为对话框容器的 DIV 标签，设置其 id 属性为"dialog"，并设置其他相关属性，其代码如清单 2-37 所示。

清单 2-37　对话框容器 DIV 标签的对话设置

```
<div id="dialog" style="position: absolute; width: 300px; height: 200px; font-size: 10pt;border:solid 1px blue; ">
</div>
```

第三步，添加表示标题栏、"关闭"文本和内容部分的三个独立的 DIV，分别设置其 id 属性为"titlebar""close""content"，并设置其他相关属性，其代码如清单 2-38 所示。

清单 2-38　对话框中标题栏、"关闭"文本和内容 DIV 层设置

```
<div id="titlebar" onmousemove="this.style.cursor='move';" onmouseout="this.style.cursor='pointer';"style="position: absolute; width: 280px; height: 16px; background-color: #DDD; padding-top: 4px; padding-left: 20px;">
    标题文本
</div>
<div id="close" onclick="dialog.style.display='none';over.style.display='none';"onmousemove="this.style.color='red';this.style.cursor='hand';"onmouseout="this.style.color='black';this.style.cursor='pointer';"style="position: absolute; left: 240px; top: 0px; width: 50px; height: 20px; padding-top: 4px; padding-right: 10px; background-color: #DDD; text-align: right;">
    关闭
</div>
<div id="content" style="position: absolute; left: 0px; top: 20px; width: 280px;height: 159px; background-color: #FFF; padding: 10px; border-top: solid 1px blue;">
    内容区
</div>
```

第四步，编写标题栏拖放操作的脚本，其代码如清单 2-39 所示。

清单 2-39　标题栏 DIV 层拖放操作的脚本

```javascript
<script language="JavaScript" type="text/JavaScript">
var canmove=false;//该变量表示可否移动对话框
var leftX=0,topY=0;//这两个变量表示单击位置相对于对话框左上角的坐标
var newX=0,newY=0;//这两个变量表示鼠标移动位置相对于文档用户区左上角的坐标

//在文档用户区鼠标按下时事件处理函数代码
function moveAble(){
   if(event.srcElement.id=="titlebar")
     canmove=true;
     leftX=event.clientX-dialog.style.pixelLeft;
     topY=event.clientY-dialog.style.pixelTop;
}

//在文档用户区鼠标抬起时事件处理函数代码
function moveDisable(){
    canmove=false;
}

//在文档用户区鼠标移动时事件处理函数代码
function move(){
   if(canmove){
      newX = event.clientX;
      newY = event.clientY;
      dialog.style.pixelLeft=newX-leftX;
      dialog.style.pixelTop=newY-topY;
    }
}
//定位对话框,使之居中的函数代码
function center()
{
   var left=(document.body.clientWidth+20-dialog.style.pixelWidth)/2;
   var top= (document.documentElement.clientHeight-dialog.style.pixelHeight)/2;
   dialog.style.pixelLeft=left;
   dialog.style.pixelTop=top;
}

//指定文档用户区鼠标事件的处理函数
document.onmousedown=moveAble;
document.onmouseup=moveDisable;
document.onmousemove=move;

//关闭对话框
function Close()
{
   dialog.style.display='none';
   over.style.display='none';
}
//调用函数使对话框居中
center ();
</script>
```

注：此时浏览页面即可实现非模态对话框的功能。

第五步，添加一个半透明遮罩层 DIV，设置其 id 为"over"，界面源代码如清单 2-40 所示。

清单 2-40　半透明遮罩层 DIV 设置

```
<div id="over" style="position:absolute;left:0px;top:0px;background-color:
#000; filter:alpha(opacity=50)">
</div>
```

第六步，添加一个用于观察模态对话框效果的下层 DIV，设置其 id 为"back"，再在其中添加两个标签（文本框标签和按钮标签）。界面源代码如清单 2-41 所示。

清单 2-41　下层表单标签设置

```
<div id="back" style="position: absolute; ">
    <input type="text" value="" />
    <input type="button" value="提交" />
</div>
```

第七步，删除清单 2-39 中对 center()函数的调用，禁止一开始就显示对话框。

第八步，在已有的脚本尾部添加清单 2-42 所示的代码，以实现模态效果。

清单 2-42　打开与关闭对话框函数

```
//打开对话框
function Open()
{
    document.onmousedown=moveAble;
    document.onmouseup=moveDisable;
    document.onmousemove=move;

    //设置各层顺序
    dialog.style.zIndex=3;//上层
    over.style.zIndex=2;//中层
    back.style.zIndex=1;//下层
    //设置中层的尺寸为用户文档区的尺寸，以覆盖下层
    over.style.width=document.body.clientWidth;
    over.style.height=document.documentElement.clientHeight;
    dialog.style.display='block';
    over.style.display='block';
    over.style.filter='Alpha(Opacity=50)';
    Resize();
}
//关闭对话框
function Close()
{
    dialog.style.display='none';
    over.style.display='none';
}
```

第九步，添加按钮标签，设置标签属性，调用 Open()函数，以打开对话框。代码见清单 2-43。

清单 2-43　添加一个按钮，用于打开对话框

```
<input onclick="Open();" type="button" value="打开对话框..." />
```

> **说明**

（1）event.clientX 表示鼠标事件时相对文档区的鼠标位置的横坐标。

（2）使用"document.onmousedown=moveAble"语句为对象的事件属性指定处理函数名，函数名不加双引号。

（3）文档用户区的宽度由 document.body.clientWidth 属性表示，而文档用户区的高度则不是由 document.body.clientHeight 表示的，而是由 document.documentElement.clientHeight 表示的。

（4）dialog.style.pixelLeft 属性是整型，用像素点为单位的整数读/写该属性，而 dialog.style.left 则是文本型，用"整数 px"形式读/写该属性。

（5）中层 over 的背景色必须设置为"background-color:#AAA"，否则默认采用透明色，这样仍可以操作下层的标签。

（6）padding 样式的设置对 DIV 的总体尺寸会产生影响，使 DIV 的总体尺寸增加。设计 DIV 时应考虑这个因素，如标题栏 titlebar 的宽度与 padding-left 分别为 280 px 和 20 px，两者之和为 300 px；同样，标题栏 titlebar 的高度与 padding-top 分别为 16 px 和 4 px，两者之和为 20 px。内容区域 content 的高度与宽度也同样考虑 padding 设置，只是计算时按 20 px 考虑。

（7）给对话框加边框时，要注意内层与外层之间的关系。本任务中外框设定后，内容区域在同层其他 DIV 之上，只需设定上边框，如果高度设为 160 px，这时原来在 dialog 画好的下边框被 content 无边框覆盖，所以 content 的高度由 160 px 改为 159 px。

（8）文档在滚动时，用户区的滚动位置保存在属性表达式 document.documentElement.scrollTop 和 document.documentElement.scrollLeft，滚动时两者之一会发生变化。要使某个 DIV（如 name 为 d1）始终固定在文档用户区可视区某个位置，可添加清单 2-44 所示的事件函数。

清单 2-44　设置 DIV 在文档用户区可视区某个固定位置

```
window.onscroll=function()
{
    d1.style.top=(100+document.documentElement.scrollTop)+"px";
    d1.style.left=(document.documentElement.scrollLeft)+"px";
}
```

（9）样式设置中可以使用滤镜样式，为标签添加特殊效果。filter:alpha(opacity=50)设置了 DIV 的透明度，背景色为黑色，透明度为 50，这样可以看见其下层标签，但实际上是被遮住的，不可单击下层标签。

在脚本中也可以设置滤镜样式，格式为"标签 id.style.filter='Alpha(Opacity=50)'"。

下面列出几种常用滤镜，供读者参考：

① 滤镜：Alpha

作用：设置透明层次。

语法：Style="filter:Alpha(Opacity=opacity, FinishOpacity=finishopacity, Style=style, StartX=startX, StartY=startY, FinishX=finishX, FinishY=finishY)"。

说明：

Opacity：起始值，取值为 0～100，0 为透明，100 为原图。

FinishOpacity：目标值。

Style：1 或 2 或 3。
StartX：任意值。
StartY：任意值。
示例：filter:Alpha(Opacity="0", FinishOpacity="75", Style="2")。

② 滤镜：Blur
作用：创建高速度移动效果，即模糊效果。
语法：Style="filter:Blur(Add=add, Direction=direction, Strength=strength)"。
说明：
Add：一般为 1，或 0。
Direction：角度，0～315°，步长为 45°。
Strength：效果增长的数值，一般 5 即可。
示例：filter:Blur(Add="1", Direction="45", Strength="5")。

③ 滤镜：Chroma
作用：制作专用颜色透明。
语法：Style="filter:Chroma(Color=color)"。
说明：
Color：#rrggbb 格式，任意。
示例：filter:Chroma(Color="#FFFFFF")。

④ 滤镜：DropShadow
作用：创建对象的固定影子。
语法：Style="filter:DropShadow(Color=color, OffX=offX, OffY=offY, Positive=positive)"。
说明：
Color：#rrggbb 格式，任意。
OffX：X 轴偏离值。
OffY：Y 轴偏离值。
Positive：1 或 0。
示例：filter:DropShadow(Color="#6699CC", OffX="5", OffY="5", Positive="1")。

⑤ 滤镜：FlipH
作用：创建水平镜像图片。
语法：Style="filter:FlipH"。
示例：filter:FlipH。

⑥ 滤镜：FlipV
作用：创建垂直镜像图片。
语法：Style="filter:FlipV"。
示例：filter:FlipV。

⑦ 滤镜：Glow
作用：在附近对象的边外加光辉。
语法：Style="filter:Glow(Color=color, Strength=strength)"。
说明：
Color：发光颜色。

Strength：强度（0～100）。

示例：filter:Glow(Color="#6699CC", Strength="5")。

⑧ 滤镜：Gray

作用：把图片灰度化。

语法：Style="filter:Gray"。

示例：filter:Gray。

⑨ 滤镜：Invert

作用：反色。

语法：Style="filter:Invert"。

示例：filter:Invert。

⑩ 滤镜：Mask

作用：创建透明掩膜在对象上。

语法：Style="filter:Mask(Color=color)"。

示例：filter:Mask(Color="#FFFFE0")。

⑪ 滤镜：Shadow

作用：创建偏移固定影子。

语法：filter:Shadow(Color=color, Direction=direction)。

说明：

Color：#rrggbb 格式。

Direction：角度，0～315°，步长为45°。

示例：filter:Shadow(Color="#6699CC", Direction="135")。

⑫ 滤镜：Wave

作用：波纹效果。

语法：filter: Wave(Add=add, Freq=freq, LightStrength=strength, Phase=phase, Strength=strength)。

说明：

Add：一般为1，或0。

Freq：变形值。

LightStrength：变形百分比。

Phase：角度变形百分比。

Strength：变形强度。

示例：filter: wave(Add="0", Phase="4", Freq="5", LightStrength="5", Strength="2")。

⑬ 滤镜：Xray

作用：使对象变得像被 X 光照射一样。

语法：Style="filter:Xray"。

示例：filter:Xray。

⑭ 滤镜：Light

作用：创建光源在对象上。

单元 3

动态页面与数据绑定

本单元要点

- 服务器动态页面的执行过程
- Ajax 原理与编程结构
- 使用微软 Ajax 框架编写 Ajax 页面
- 使用 Microsoft.XMLHTTP 对象编写 Ajax 页面
- 使用数据绑定显示页面类中字段变量
- 使用数组或集合作为数据源
- 使用数据集作为数据源
- 使用数据阅读器作为数据源
- 利用数据网格控件显示数据源

从本单元开始进入动态页面制作阶段。ASP（Active Server Page，活动服务器页面）动态页面的主要特征有两个：

① 活动。动态页面工作原理与静态页面不同，客户通过浏览器看到的页面都是静态页面。动态页面执行活动代码产生了客户端静态页面。同一动态页面可以产生不同的客户端静态页面，而同一静态页面在客户端看到的内容都相同。

② 服务器。动态页面的活动代码必须在服务器端被执行，而静态页面可以在客户端用浏览器（如 IE 浏览器）浏览。

任务 3-1 客户端和服务器端当前时间的显示（有刷新）

需求：

使用两台机器，分别作为客户端和 Web 服务器端。修改客户端时间后，刷新页面得到图 3-1 所示的界面，观察与分析两者时间的变化情况。

分析：

客户端当前时间可以采用 JavaScript 脚本实现显示。服务器端当前时间要通过服务器代码实现显示。

实现：

第一步，新建网站 chap03，在新建网站中新建文件夹 01，按图 3-2 所示界面添加 Web 窗体"当前时间.aspx"（又称 Web 页面），取消选择"将代码放在单独的文件中"复选框。

图 3-1 当前时间显示界面   图 3-2 添加 Web 窗体对话框

第二步，在页面上分别添加 span 标签和服务器端 Label 控件，并设置它们的 id。代码如清单 3-1 所示。

清单 3-1 时间显示界面设计

```
<body>
    客户端当前时间：<span id="txtTimeInClient"></span><br/>
    服务器端当前时间：<asp:Label ID="txtTimeInServer" runat="server" Text="">
    </asp:Label>
</body>
```

第三步，切换到"设计"模式，设置标题为"当前时间"，双击 Web 页面的空白处，则切换到"源"模式，在 Page_Load 方法中添加一条语句，用来显示服务器端当前时间。代码如清单 3-2 所示。

清单 3-2 服务器端页面加载事件方法 Page_Load

```
<script runat="server">
    protected void Page_Load(object sender, EventArgs e)
{
    txtTimeInServer.Text = System.DateTime.Now.ToLongTimeString();
    }
</script>
```

第四步，在"源"中尾部添加清单 3-3 所示的代码，用来显示客户端当前时间。

清单 3-3 客户端当前时间显示脚本

```
<script type="text/JavaScript">
    var date =new Date();
txtTimeInClient.innerText=
    date.getHours()+":"+date.getMinutes()+":"+date.getSeconds();
</script>
```

第五步，浏览本页面，并修改客户端的时间后刷新页面（按【F5】键），观察页面的变化。

第六步，右击页面，在弹出菜单中选择"查看源文件"或"查看源代码"命令，查看该页面所产生的运行后从服务器端发回到客户端的源代码。得到清单 3-4 所示的客户端源代码。

清单 3-4 客户端接收到的静态页面代码

```
<!DOCTYPE html PUBLIC "-//W3C//DTD XHTML 1.0 Transitional//EN"
"http://www.w3.org/TR/xhtml1/DTD/xhtml1-transitional.dtd">
<html xmlns="http://www.w3.org/1999/xhtml" >
<head>
    <title>当前时间</title>
</head>
<body>
    客户端当前时间：<span id="txtTimeInClient"></span><br />
    服务器端当前时间：<span id="txtTimeInServer">6:04:45</span>
</body>
</html>
<script type="text/JavaScript">
    var date =new Date();
    txtTimeInClient.innerText=date.getHours()+":"+date.getMinutes()+
":"+date.getSeconds();
</script>
```

说明

（1）客户端源代码中下列脚本客户端可见，而运行在服务器端的下列脚本在客户端则不可见。取而代之的是"<span id="txtTimeInServer">6:04:45</span>"。服务器端 Label 控件到客户端被转换为<span>标签，<span>标签 txtTimeInServer 内部文本 innerText 属性与服务器端 Label 控件的 Text 属性相对应。

（2）客户端脚本是用户请求页面时从服务器端发回的，但执行过程却在客户端，所以从服务器端发回到客户端的源代码没有客户端时间的具体信息，即用于显示客户端当前时间的<span>标签 txtTimeInClient 内部文本 innerText 属性，此时为空，但在客户端被浏览执行后就能显示出来。

（3）为了让当前时间每隔 1 s 自动刷新，可以在页面的<head>节（Section）中加入如下代码"<meta http-equiv="refresh" content="1"/>"。

浏览页面会发现自动刷新功能已经实现，但不停地刷新令人不悦，这将在下面的任务中得到改善。

（4）开发阶段一般服务器端与客户端同用一台机器，所以看到的两个当前时间完全一致。

任务 3-2　网站的发布

为了激发读者学习热情，让读者尽快在互联网看到个人的活动服务器页面，本任务提前向读者介绍有关网站的发布的方法，详细的网站部署与发布见单元 8。

需求：

将任务 3-1 的页面"当前时间.aspx"放在一个新建网站中，并将新建网站放在远程 Web 服务器中，再从不同的客户端访问该页面。

分析：

本任务需要一个 Web 服务器或代理 Web 服务器。一般使用专业服务器代理商提供的代理 Web 服务器，由服务器代理商提供网站的存储空间和域名空间，以使网站用户在 Internet 不同的客户端访问自己开发的网站。专业服务器代理商为了推广有时会提供一些免费或试用空间与域名。免费空间用时不长，更有可能网站数据都拿不回来，更换空间也较麻烦，只是作为试验而已。建议使用收费空间，现在的收费空间比较便宜。真正的网站必须使用收费空间或自建 Web 服务器。

实现：

第一步，注册会员。通过互联网搜索引擎，按关键词"域名 主机空间"查找提供域名和主机空间的相关网站（见图 3-3），在测试了网站性能并取得满意效果后进行会员注册，以此为账户完成汇款或文件上传。注册成功后，可以登录图 3-4 所示的"会员管理中心"界面。

第二步，选择域名。在"会员管理中心"界面选择所需要的域名。

为使所选择的域名唯一，可借助查询功能，得知目前所设置的域名是否已被他人占用。在输入的域名未被注册时，按域名类别如数汇出所需款项，即可使用此域名。

第三步，申请空间。根据网站类型、数据库类型和空间需要，在"会员管理中心"页面中，选择合适虚拟主机，并汇出所需款项。

图 3-3　域名网站首页　　　　　　　　　图 3-4　登录成功后界面

第四步，上传文件。注册完域名并申请了虚拟主机后，网络运营商会给用户一个 FTP 地址及密码，允许你上传网站文件。打开 CuteFTP，进入图 3-5 所示的 CuteFTP 登录界面；单击快速链接按钮，分别输入主机、用户名（ftp）、密码，然后单击链接按钮，出现图 3-6 所示的 CuteFTP 链接成功的界面。

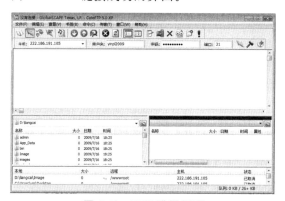 

图 3-5　FTP 登录界面　　　　　　　　　图 3-6　FTP 链接成功后界面

将网站文件压缩打包成一个 rar 文件粘贴到右侧 wwwroot 文件夹中，实现网络文件压缩包的上传。图 3-7 所示是数据上传后的界面。

图 3-7　数据上传后界面

第五步，解压文件。重新登录网站的主页，进入"会员管理中心"，在图 3-8 所示界面的左侧单击虚拟主机管理，显示右侧的页面，然后单击站点名（如会员名 yinpl2009），单击"解压"按钮（见图 3-9），设置解压文件源路径和目标路径。最后单击"提交"按钮，提示解压成功，如图 3-10 所示。

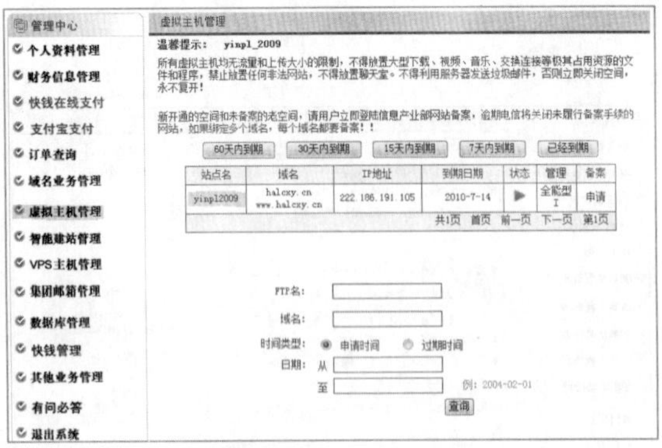

图 3-8 会员管理中心——虚拟主机管理界面

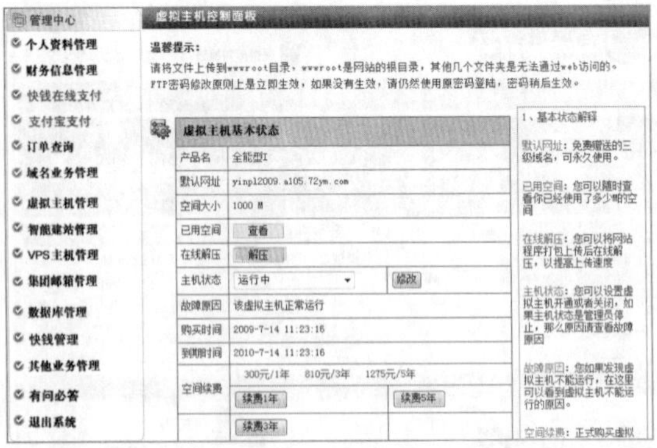

图 3-9 会员管理中心——虚拟主机控制面板界面

图 3-10 会员管理中心——虚拟主机控制和解压界面

任务 3-3 使用 Ajax 框架无刷新显示服务器端当前时间

Ajax 的全称是 Asynchronous JavaScript And XML,它结合了 Java 技术、XML 及 JavaScript 等编程技术,可以让开发人员构建基于 JavaScript 技术的 Web 应用,客户端与服务器端进行数据交互,不采用"客户端填写表单、提交表单,服务器端接收表单、处理表单数据、向客户端发回处理结果"的方式,而是利用 XMLHttpRequest 对象并借助于 XML 将数据交换,客户端通过异步方式接收从服务器端回传的处理后的数据,得到服务器端回传数据后通过客户端的 JavaScript 脚本,更新页面,使得用户可以创建接近本地桌面应用的更直接、更丰富、更动态的 Web 用户界面。使用 Ajax 技术后服务器端通常只需传递少量数据,而不用传送表示界面的数据,从而减少网络数据传输量以缩短网页传输时间。微软提供的 ASP.NET Ajax 框架采用了局部更新的技术,只更新和传输有变化的部分信息。

需求:

每隔 1s 无刷新显示客户端和服务器端当前时间。

分析:

每隔 1s 无刷新显示客户端当前时间,这里只要用 JavaScript 就可以实现。每隔 1s 无刷新显示服务器端当前时间,这里采用微软提供的 ASP.NET Ajax 框架。

本任务采用 ASP.NET Ajax 框架提供的 Timer 控件定时事件实现当前时间的刷新显示。

实现：

第一步，安装 ASP.NET Ajax 框架。VS 2013.NET 初始安装中没有安装 ASP.NET Ajax 框架，必须在使用前安装。安装界面如图 3-11 所示。

安装了 ASP.NET Ajax 框架后，在 VS 2013 的"添加新网站"中将增加一个模板"ASP.NET AJAX-Enabled Web Site"，以使用 ASP.NET 网站支持 Ajax 技术。

第二步，新建支持 Ajax 技术的网站。选择图 3-12 所示的模板，新建一个名为 CurrentTime 的网站。

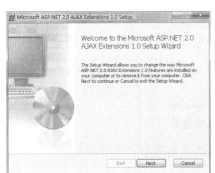
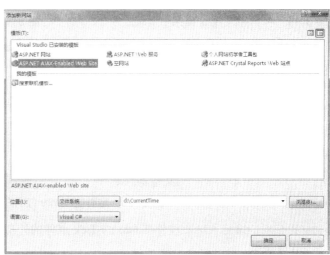

图 3-11 ASP.NET Ajax 框架安装界面　　图 3-12 支持 ASP.NET Ajax 框架网站添加界面

单击"确定"按钮后，新的网站文件夹中包括图 3-13 所示的初始目录结构。

其中，App_Data 文件夹目前为空，其作用是存储数据库文件；Default.aspx 是网页文件，它表示了界面中各元素及其属性设置、客户端代码，一般不含服务端代码；Default.aspx.cs 是与其网页相关的服务器端代码文件，定义了动态页面代码类；两者的关系在 Default.aspx 的第一行给出声明，它指出了动态页面相关的服务器代码文件，以及定义的类名。代码见清单 3-5 所示。

图 3-13 支持 ASP.NET Ajax 框架网站初始目录结构

清单 3-5　页面指令中常用属性设置

```
<%@ Page Language="C#" AutoEventWireup="true" CodeFile="Default.aspx.cs"
Inherits="_Default" %>
```

打开 Default.aspx 是网页文件，查看 Default.aspx 源代码，其中包含清单 3-6 中已给出的支持 Ajax 的脚本管理标签。

清单 3-6　支持 Ajax 技术的脚本管理标签

```
<asp:ScriptManager ID="ScriptManager1" runat="server" />
```

第三步，文件重命名。将 Default.aspx 文件重命名为 DisplayTime.aspx，相应的动态代码类文件名也相应命名为 DisplayTime.aspx.cs，并分别将两个文件中的_Default 类名命名为 DisplayTime。

第四步，建立服务器端界面。切换到"设计"视图，在 DisplayTime.aspx 页面中添加 AJAX 控件 UpdatePanel（可从图 3-14 所示的工具箱的"AJAX Extensions"选项卡中拖放）。

在 AJAX 控件 UpdatePanel 内输入文本"服务器端当前时间："，并将 Label 控件加入 AJAX 控件 UpdatePanel 内，设置其 id 为 lblTimeInServer，如图 3-15 所示。

图 3-14　ASP.NET Ajax 框架中所有控件　　　　图 3-15　ASP.NET Ajax 框架中三个控件

添加 AJAX 控件 Timer，按图 3-16 设置其时间间隔属性 Interval 为 1000 ms 和 Tick 事件的处理方法为 Timer1_Tick。

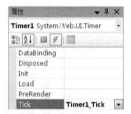

图 3-16　定时器 Timer 控件的属性设置

第五步，编写 AJAX 控件 Timer 的 Tick 事件的处理方法，如清单 3-7 所示。

清单 3-7　服务器定时事件方法

```
protected void Timer1_Tick(object sender, EventArgs e)
{
    lblTimeInServer.Text = DateTime.Now.ToLongTimeString();
}
```

第六步，按图 3-17 和图 3-18 设置 AJAX 控件 UpdatePanel 的触发器集属性，以实现异常无刷新地显示当前时间。

图 3-17　更新面板 UpdatePanel 控件　　　　图 3-18　"UpdatePanelTriggers 集合
　　　　具有触发器集 Triggers 属性　　　　　　　　　编辑器"对话框

第七步，浏览 DisplayTime.aspx 页面，就能看到异步无刷新地显示服务器端当前时间的效果。

> **说明**
>
> 本任务使用了微软 ASP.NET Ajax 框架，使用前必须安装。它的脚本主要作用在服务器端，即胖服务器，瘦客户端。
>
> 使用 Ajax 技术的页面其文件名不能含有中文字符。

任务 3-4　使用 XMLHTTP 对象无刷新显示服务器端当前时间

需求：

每隔 1 s 无刷新地分别显示客户端和服务器端当前时间。

分析：

本任务采用了两个页面，一个页面为静态页面负责显示时间，另一个动态页面负责提供服务器端时间。静态页面为获得最新服务器时间，由定时事件不时地向动态页面提出请求，并建立一个回调函数以接受与显示从服务器返回的数据。服务器端动态页面只负责返回最新时间文本数据。

实现：

第一步，新建文件夹 04，添加用于显示时间的静态页面 htmlpage.htm，设置标题为"使用 AJAX 显示服务器端时间"。

第二步，添加用于提供数据的动态页面 GetTime.aspx，删除该页面中除首行"<%@ Page…"之外的所有代码。

第三步，建立静态页面的界面。添加时钟显示所需的标签 time 用于显示服务器发送到客户端的时间数字文本。代码如清单 3-8 所示。

清单 3-8　显示时钟的标签属性设置

```
<body>
    <div id="time" style="position:absolute;left:100;top:100;">
    </div>
</body>
```

第四步，编写客户端时间显示函数 Display 与接收到服务器端后的回调函数 UpdatePage。代码如清单 3-9 所示。

清单 3-9　显示时间的客户端脚本

```
//显示时间
function Display(data)
{
    time.innerHTML="服务器端时间："+data;
}

//回调函数
```

```javascript
function updatePage()
{
   if (req.readyState == 4 && req.status == 200)
   {//已经加载且成功返回
        var responseText=req.responseText;
        Display(responseText);
    }
}
```

第五步，编写并调用客户端请求与接收函数 talktoServer。代码如清单 3-10 所示。

清单 3-10　客户端请求与接收函数

```javascript
//客户端请求与接收函数 talktoServer
function talktoServer(url){
    //创建 XMLHTTP 对象
    req = new ActiveXObject("Microsoft.XMLHTTP");
    //建立请求（对动态页面）
    req.open("Post", url, true);//无参数时一定使用 Post,true：异步
    //注册客户端回调函数
    req.onreadystatechange = updatePage;
    //发送请求
    req.send(null);
    //准备下次请求
    setTimeout("talktoServer('"+url+"')",1000);
}
//开始请求
talktoServer("GetTime.aspx");
```

第六步，编写服务器端代码。产生并发送数据到客户端请求方。代码如清单 3-11 所示。

清单 3-11　服务器端页面加载事件方法以响应客户端请求

```csharp
protected void Page_Load(object sender, EventArgs e)
{
    string response;
    response = DateTime.Now.ToString("hh:mm:ss");
    Response.Write(response);
    //或写成 Response.Write(DateTime.Now.ToString("hh:mm:ss"));
}
```

第七步，浏览静态页面时，时钟已能运行了。至此，本任务已经完成。

> **说明**
>
> 语句 "req = new ActiveXObject("Microsoft.XMLHTTP")" 的作用是建立一个 XMLHTTPRequest 对象实例，用于建立请求与发送请求，因为需要在多个函数中共用，这里定义变量 req 之前不能有 var，这样就能保证在某一个函数中定义的变量在其他函数中也能共用，等同于在函数体外定义的效果。
>
> "req.onreadystatechange" 用于指定服务器响应结束时的回调函数或函数体。
>
> "req.readyState" 为 4，表示完成请求，"req.status" 为 200 表示成功返回。
>
> AJAX 的核心代码共有四个部分，分别是创建 XmlHttp 对象、建立请求（对动态页面）、

注册客户端回调函数、发送请求。

本任务使用 XMLHTTP 对象，回避了微软 ASP.NET Ajax 框架，因此也适用于 JSP 动态页面技术，且不需要安装微软 ASP.NET Ajax 框架。它的编码主要在客户端，即胖客户端，瘦服务器，减少了服务器端的负担。

任务 3-5　利用数据绑定显示服务器端当前时间

需求：

将数据绑定置入页面作为其中一个元素。

分析：

将服务器端当前时间信息保存到页面类的字段变量中，通过动态数据绑定显示该变量的值。

实现：

第一步，新建文件夹 05，复制任务 3-3 中建立的 DisplayTime.aspx 页面。

第二步，在 DisplayTime 类中添加一个 protected 级的字段变量 time。代码如清单 3-12 所示。

清单 3-12　页面类中保护级 protected 级的字段变量的定义

```
protected string time;
```

第三步，将原来的 Label 标签改为<%=time%>，并修改原来的 DisplayTime 类中的 Timer1_Tick 事件处理方法。代码如清单 3-13 所示。

清单 3-13　服务器端定时事件方法

```
protected void Timer1_Tick(object sender, EventArgs e)
{
    time = DateTime.Now.ToLongTimeString();
}
```

第四步，浏览 DisplayTime.aspx，运行结果与任务 3-3 相同。

说明

<%= time %>也是动态代码，它相当于服务器端执行了 Response.Write(time)。只是其输出位置不是开始部分，而是其所在的指定位置。

任务 3-6　使用数据绑定显示页面按钮累计单击次数

需求：

单击页面的按钮，使计数器变量加一并显示。

分析：

通过按钮的单击事件实现计数器变量加一，通过数据绑定实现数据显示。

实现：

第一步，新建文件夹 06，在 06 文件夹中建立一个名为 Counter.aspx 的页面。

第二步，在代码文件 Counter.aspx.cs 的 Counter 类中添加 protected 存储级别的字段变量，并设初始值为 0。代码见清单 3-14。

清单 3-14　页面保护级字段变量的定义与初始化

```
protected int count = 0;
```

第三步，在 Counter.aspx 的页面中添加服务器端按钮控件和读取服务器端字段变量的动态静态混合文本，代码如清单 3-15 所示。

清单 3-15　服务器端按钮的定义与服务器端字段变量的读取

```
<asp:Button ID="Button1" runat="server" Text="计数按钮" OnClick="Button1_Click" /><br/>
你已单击了<%= count %>次按钮。
```

第四步，编写 Button1_Click 事件方法，实现 count 加一，代码见清单 3-16。

清单 3-16　服务器端按钮单击事件方法的定义

```
protected void Button1_Click(object sender, EventArgs e)
{
    count = count + 1;
}
```

浏览 Counter.aspx，发现开始显示"你已单击了 0 次按钮"。单击后显示"你已单击了 1 次按钮"。以后不管单击多少次显示内容都无变化。这是因为每次重新请求页面时，页面的代码文件重新被执行，所以字段变量 count 又从 0 开始。

第五步，添加 ID 为 hfCount 的隐藏域控件用来记录加一后的 count 值。在页面首次加载时设置隐藏域控件 hfCount 设置其值为 0。其代码见清单 3-17。

清单 3-17　页面首次加载时代码

```
protected void Page_Load(object sender, EventArgs e)
{
    if(!IsPostBack)      //如果是页面首次加载
        hfCount.Value = count.ToString();
}
```

第六步，修改按钮单击事件处理方法，其代码见清单 3-18。

清单 3-18　修改后的按钮单击事件处理方法

```
protected void Button1_Click(object sender, EventArgs e)
{
    count = int.Parse(hfCount.Value) + 1;
    hfCount.Value = count.ToString();
}
```

第七步，浏览修改后的 Counter.aspx 页面，结果显示以上设计完全符合任务要求。

> **说明**
>
> (1) 服务器端的页面是无状态的,不同于 winform 窗体类,这种做法的好处是减少了服务器端内存使用量。页面类中的字段变量或控件的属性等状态数据并不保存在服务器端,它只是保存在客户端的静态页面中,在新的页面请求时由客户端送往服务器端。隐藏域控件 hfCount 就是用来将数据保存在客户端。
>
> (2) 保存当前页面数据的另一种方法是使用服务器端控件,如 Label 控件,只要将页面中的 "你已单击了<%= count %>次按钮" 换成 "你已经单击按钮第<asp:Label ID="Label1" runat="server" Text="" ></asp:Label>次",并编写清单 3-19 所示代码即可。
>
> 清单 3-19 使用 Label 控件记录页面数据
> ```
> protected void Page_Load(object sender, EventArgs e)
> {
>     if (!IsPostBack)//如果页面是首次加载
>         Label1.Text = "0";
> }
> protected void button1_Click(object sender, EventArgs e)
> {
>     Label1.Text = (int.Parse(Label1.Text) + 1).ToString();
> }
> ```
>
> (3) IsPostBack 是当前页面类的一个属性,是 this.IsPostBack 的简写,表示本次请求是否为用户提交回发产生的请求,若不是则为首次加载请求,很多页面在加载事件 Page_Load 中对此进行判断,使部分代码只在首次加载请求时执行一次。如果去除了 Page_Load 方法中的 "if (!IsPostBack)" 判断则不能实现计数器的累加。

任务 3-7 使用集合对象为列表类控件提供数据源

需求:

分别用数组和集合对象为列表类控件提供列表选项所用的数据源,列表选项的第一项为"请选择"。按图 3-19 所示的界面,在选择第一项之外的每一项后,按"你选择了**"格式立即显示所选信息。

分析:

列表类控件都有 Items 属性,表示其选项集合,而数组和集合都可以提供多个并行数据。

实现:

第一步,新建文件夹 07,在 07 文件夹中添加页面 ListDataSource.aspx。

第二步,在页面 ListDataSource.aspx 中添加一个 ID 为 lbShoppingType 的 ListBox 控件和 ID 为 lblInfo 的 Label 控件。

第三步,在属性窗口中,弹出图 3-20 所示的"ListItem 集合编辑器"对话框,设置 lbShoppingType 控件的 Items,在其中添加一个选项"请选择"。

图 3-19　下拉列表 DropDownList 控件运行界面　　图 3-20　列表类控件的选项集合编辑器对话框

在页面源代码中将添加"<asp:ListItem>请选择</asp:ListItem>"代码，也可以按清单 3-20 所示的代码，在页面相应的代码类中添加列表项。

清单 3-20　添加列表中第一个选项

```
lbShoppingType.Items.Add(new ListItem("请选择"));
或
lbShoppingType.Items.Add("请选择");
```

第四步，设置 lbShoppingType 的 AppendDataBoundItems 属性为 True（默认为 False），使得在数据绑定后保留已有的"请选择"选项。

第五步，设置 lbShoppingType 的 AutoPostBack 属性为 True（默认为 False），使得选择选项后立即提交请求，执行页面代码以更新页面内容。

第六步，编写清单 3-21 所示的页面加载事件 Page_Load 的方法代码。

清单 3-21　页面加载事件中完成所有列表选项的数据绑定

```
protected void Page_Load(object sender, EventArgs e)
{
    if (!IsPostBack)
    {
        ArrayList list = new ArrayList();
        list.Add("零售");
        list.Add("团购");
        list.Add("批发");
        lbShoppingType.Items.Add("请选择");
        lbShoppingType.DataSource = list;
        lbShoppingType.DataBind();
    }
}
```

第七步，设置 lbShoppingType 控件的 SelectedIndexChanged 事件处理的方法名为 lbShoppingType_SelectedIndexChanged，并编写清单 3-22 所示的代码。

清单 3-22　下拉列表选择事件方法定义

```
protected void lbShoppingType_SelectedIndexChanged(object sender, EventArgs e)
{
    if(lbShoppingType.SelectedIndex>0)
```

```
            lblInfo.Text =string.Format("你选择了"{0}"",
                lbShoppingType.SelectedItem.Text);
        else
            lblInfo.Text ="请选择";
}
```

浏览 ListDataSource.aspx 页面，发现已达到任务要求。

改写程序，将数据源从 ArrayList 类型改为字符串数组 string[]也能达到同样的效果。代码见清单 3-23。

清单 3-23　使用数组作为列表的数据源

```
protected void Page_Load(object sender, EventArgs e)
{
    if (!IsPostBack)
    {
        string[] list = new string[] { "零售", "团购", "批发" };
        lbShoppingType.Items.Add("请选择");
        lbShoppingType.DataSource = list;
        lbShoppingType.DataBind();
    }
}
```

> **说明**
> （1）通过 DataSource 属性设置列表控件的数据源后，必须调用列表控件的 DataBind 方法才能将多个数据加入到列表控件的选项集合 Items 中。
> （2）Page_Load 事件方法中必须使用 if (!IsPostBack) 只在首次加载时执行数据绑定操作，否则，选项将在每次提交请求后都会增加重复选项。
> （3）列表类控件的选择属性完全相同，具体如下：
> ① SelectedItem：表示选项对象；
> ② SelectedItem.Text：表示选项对象的显示文本；
> ③ SelectedItem.Value：表示选项对象的存储数据，可以用 SelectedValue 表示；
> ④ SelectedIndex：表示选项对象所在的索引号（索引号从 0 开始）。
> （4）列表类控件都有 Items 属性，该属性引用了集合对象，具有集合对象的共同属性和方法，如 Add 方法、Remove 方法、Clear 方法和 Count 属性等。

任务 3-8　使用数据表为列表类控件提供数据源

需求：

从数据库查询结果获得两个列，其中一列作为显示文本，另一列作为存储数据，如图 3-21 所示。

分析：

将数据库查询结果放入数据集 DataSet 对象中，以 DataSet 对象作为数据源。

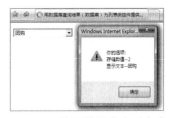

图 3-21　使用数据表为列表类控件提供数据源运行界面

实现：

第一步，新建文件夹 08，并添加名为 ReadDataFromDB.aspx 页面。

第二步，在 ReadDataFromDB.aspx 页面中，添加 ID 为 ddl_SalesType 的 DropDownList 类下拉列表控件。

第三步，导入访问 SQL 数据库所需的命名空间。在页面的代码类之前，添加导入命名空间的代码"using System.Data.SqlClient"。

第四步，将 SQL 数据库 hcitpos1.mdf 复制到当前网站的 App_Data 目录下。打开"视图"菜单下的"服务器资源管理器"会发现自动建立了图 3-22 所示的数据连接。

图 3-22　App_Data 目录与数据连接

第五步，将 SalesType 数据表拖到 ReadDataFromDB.aspx，这时在 Web.config 文件中立即添加了对 hcitpos1.mdf 数据库引用的连接串设置，其代码见清单 3-24。

清单 3-24　Web.config 文件中连接串的定义

```
<connectionStrings>
  <add name="HCITPOS1ConnectionString1" connectionString="Data Source=.\SQLEXPRESS;AttachDbFilename=|DataDirectory|\HCITPOS1.mdf;Integrated Security=True;User Instance=True" providerName="System.Data.SqlClient" />
</connectionStrings>
```

为缩短连接串名称文本，将"HCITPOS1ConnectionString1"改为"name="hcitpos1""，该连接串文本可在程序中用清单 3-25 所示的表达式代码读取这个连接串文本。

清单 3-25　Web.config 文件中连接串的读取

```
ConfigurationManager.ConnectionStrings["hcitpos1"].ConnectionString;
```

删除因拖放数据表在页面上产生的 GridView 控件和 SqlDataSource 控件。

第六步，编写代码将获得的数据填充到数据集对象中，最后对下拉列表控件 ddl_SalesType 进行数据绑定设置。其代码见清单 3-26。

清单 3-26　数据集获取与数据绑定

```
protected void Page_Load(object sender, EventArgs e)
{
    if (!IsPostBack)
    {
        //读取web.config文件中的名为"hcitpos1"的连接串文本
        string strcon =
       ConfigurationManager.ConnectionStrings["hcitpos1"].ConnectionString;
        //用连接串文本为参数构造连接实例conn
        SqlConnection conn = new SqlConnection(strcon);
        //用命令文本和连接实例conn为参数构造数据适配器实例adp
        SqlDataAdapter adp = new SqlDataAdapter("select * from SalesType", conn);
        //定义数据集DataSet实例
        DataSet ds = new DataSet();
        //调用数据适配器对象的Fill方法将数据表结构和数据写入到ds的数据表中
        adp.Fill(ds);
        //设置下拉列表控件的属性
```

```
        ddl_SalesType.AutoPostBack = true;
        ddl_SalesType.AppendDataBoundItems = true;
        //在服务器端设置客户端的属性,这里只是举一个例子说明实现方法
        ddl_SalesType.Attributes.Add("style", "color:blue");
        ddl_SalesType.Items.Add(new ListItem("请选择", "-1"));
        ddl_SalesType.DataTextField = "name";//设置文本显示列
        ddl_SalesType.DataValueField = "id";//设置数据读取列
        //设置数据源并进行数据绑定
        ddl_SalesType.DataSource = ds.Tables[0];
        ddl_SalesType.DataBind();
    }
}
```

第七步,编写下拉列表控件的选择事件方法。双击 lbShoppingType 控件,按清单 3-27 所示编写 lbShoppingType_SelectedIndexChanged 事件处理的方法。

清单 3-27　下拉列表选择事件的方法定义

```
protected void ddl_SalesType_SelectedIndexChanged(object sender, EventArgs e)
{
    string str;
    if(ddl_SalesType.SelectedIndex>0)
        str = string.Format("你的选项:\\n 存储数值--{0}\\n 显示文本--{1}",
        ddl_SalesType.SelectedItem.Value,ddl_SalesType.SelectedItem.Text);
    else
        str= "请选择";
    //用客户端的消息框显示所选的属性值
    ScriptManager.RegisterStartupScript(this, this.GetType(), "",
    "<script>alert('" + str + "');</script>", false);
}
```

第八步,浏览 ReadDataFromDB.aspx 页面,可以看到从数据库数据表中 Name 列所有数据,并可显示所选的选项文本和值。

> **说明**
>
> (1)在服务器端设置控件客户端的属性,如 onmousemove 等。使用格式如下:
> 服务器端控件.Attributes.Add("属性名","属性值")。
>
> (2)调用 ScriptManager 类的静态方法 RegisterStartupScript 可以在服务器端设置客户端 JavaScript 脚本,以增强提示信息的显示效果。
>
> (3)数据集 DataSet 对象与数据库相似,它是数据库在内存中的表示。数据集 DataSet 对象中包含了多个数据表 DataTable 对象和数据关系 DataRelation 对象,因此,数据集 DataSet 对象具有数据表集合 DataTableCollection 类型的对象属性 Tables 和数据关系集合 DataRelationCollection 类型的对象属性 Relations。使用 Tables[0]可以访问数据集对象的第一个数据表。
>
> (4)与数据库表相似,数据表 DataTable 对象也包含数据列集合 DataColumnCollection 类型的对象属性 Columns 和数据行集合 DataRowCollection 类型的对象属性 Rows,访问数据集 ds 第 t 个表的第 r 行第 c 列的表达式为 ds.Tables[t-1].Rows[r-1][c-1]。

任务 3-9　使用数据阅读器为列表类控件提供数据源

需求：

图 3-23 所示的页面与任务 3-8 相似，只是以数据阅读器对象形式得到数据库查询结果，用 RadioButtonList 作为列表类控件。

分析：

将数据库查询结果放入数据阅读器 SqlDataReader 对象中，以 SqlDataReader 对象作为数据源。

图 3-23　使用数据阅读器为单选按钮列表 RadioButtonList 控件提供数据源运行界面

实现：

第一步，新建文件夹 09，复制任务 3-8 中的 ReadDataFromDB.aspx 页面，并将其重命名为 ReadDataFromDB2.aspx，并修改其类名为 ReadDataFromDB2，将 ID 为 ddl_SalesType 的 DropDownList 类下拉列表控件换成 ID 为 rbl_SalesType 的 RadioButtonList 类单选按钮列表控件。

第二步，打开 ReadDataFromDB2.aspx.cs 文件将其中的 ddl_SalesType 替换成 rbl_SalesType。

第三步，修改 Page_Load 方法，其代码见清单 3-28。

清单 3-28　数据阅读器的获取与数据绑定

```
protected void Page_Load(object sender, EventArgs e)
{
    if (!IsPostBack)
    {
        //设置单选按钮列表控件的属性
        rbl_SalesType.AutoPostBack = true;
        //在服务器端设置客户端的属性，这里只是举一个例子说明实现方法
        rbl_SalesType.Attributes.Add("style", "color:blue;font-size:10pt;");
        rbl_SalesType.DataTextField = "name";//设置文本显示列
        rbl_SalesType.DataValueField = "id";//设置数据读取列
        rbl_SalesType.RepeatDirection = RepeatDirection.Horizontal;
        //读取 web.config 文件中的名为"hcitpos1"的连接串文本
        string strcon =
        ConfigurationManager.ConnectionStrings["hcitpos1"].ConnectionString;
        //用连接串文本为参数构造连接实例 conn
        SqlConnection conn = new SqlConnection(strcon);
        //用命令文本和连接实例 conn 为参数构造命令实例 cmd
        SqlCommand cmd = new SqlCommand("select * from SalesType", conn);
        //打开数据库连接
        conn.Open();
        //定义数据阅读器 SqlDataReade 对象
        SqlDataReader dr;
        //将调用命令对象的 ExecuteReader 方法得到的数据阅读器对象保存到 dr 中
        dr = cmd.ExecuteReader();
        //设置数据源并进行数据绑定
```

```
        rbl_SalesType.DataSource = dr;
        rbl_SalesType.DataBind();
        //关闭数据库连接
        conn.Close();
    }
}
```

第四步,打开 ReadDataFromDB2.aspx 页面设置其 OnSelectedIndexChanged 为 rbl_SalesType_SelectedIndexChanged,并改写 rbl_SalesType_SelectedIndexChanged 方法,其代码见清单 3-29。

清单 3-29　下拉列表选择事件的方法定义

```
protected void rbl_SalesType_SelectedIndexChanged(object sender, EventArgs e)
{
    string str;
    str = string.Format("你的选项:\\n 存储数值--{0}\\n 显示文本--{1}",
        rbl_SalesType.SelectedItem.Value,rbl_SalesType.SelectedItem.Text);
    //用客户端的消息框显示所选的属性值
    ScriptManager.RegisterStartupScript(this, this.GetType(), "",
        "<script>alert('" + str + "');</script>", false);
}
```

> **说明**
>
> (1) 使用数据阅读器填充数据集对象时,数据库连接会自动打开,填充结束后会自动关闭数据库;而执行命令对象的方法产生数据阅读器操作与此不同,必须在此操作前打开数据库连接,数据绑定后关闭数据库连接。
>
> (2) 数据库连接的打开与关闭之间的语句应尽可能少,使得数据库连接打开时间尽可能短,不影响其他用户对数据库的使用。
>
> (3) 设置单选按钮列表的字体、前景色、选项重复方向等属性,使得单选按钮列表的样式与任务 3-8 相一致。
>
> (4) 数据阅读器对记录的操作是向前只读的,不用存储大量记录数据,因此,它比数据集记录读取速度更快、更节省内存。数据阅读器对象不能随意读取任意指定行记录数据,但指定正在读取当前行的列号。格式为:dr[列号-1]或 dr["列名"]。
>
> (5) 使用数据阅读器的 Read 方法,可以按从前到后的顺序读取每条记录,如果数据阅读器 Read 方法返回值为 false 表示已无记录可读。用读到记录的各列数据构造 ListItem 实例加入到列表类控件的选项集合。修改 Page_Load 方法中的注释部分代码,添加新的代码,最终 Page_Load 方法见清单 3-30。

清单 3-30　数据阅读器的获取与遍历

```
protected void Page_Load(object sender, EventArgs e)
{
    if (!IsPostBack)
    {
        //设置单选按钮列表控件的属性
        rbl_SalesType.AutoPostBack = true;
        //在服务器端设置客户端的属性,这里只是举一个例子说明实现方法
```

```
rbl_SalesType.Attributes.Add("style","color:blue;font-size:10pt;");
rbl_SalesType.RepeatDirection = RepeatDirection.Horizontal;
//读取 web.config 文件中的名为"hcitpos1"的连接串文本
string strcon =
ConfigurationManager.ConnectionStrings["hcitpos1"].ConnectionString;
//用连接串文本为参数构造连接实例 conn
SqlConnection conn = new SqlConnection(strcon);
//用命令文本和连接实例 conn 为参数构造命令实例 cmd
SqlCommand cmd = new SqlCommand("select * from SalesType", conn);
//打开数据库连接
conn.Open();
//定义数据阅读器 SqlDataReade 对象
SqlDataReader dr;
//将调用命令对象的 ExecuteReader 方法得到的数据阅读器对象保存到 dr 中
dr = cmd.ExecuteReader();
//读取数据阅读器记录并添加到列表控件的选项列表中
while (dr.Read())
{
    rbl_SalesType.Items.Add(
        new ListItem(dr["name"].ToString(), dr["id"].ToString()));
}
//关闭数据库连接
conn.Close();
    }
}
```

任务 3-10 使用 GridView 控件显示数据库表

需求：

使用表格形式显示数据库查询结果，如图 3-24 所示。

图 3-24 用网格视图 GridView 控件显示数据库表

分析：

使用数据阅读器作为数据源，用数据网格视图 GridView 显示查询的所有行和所有列。

实现：

第一步，新建文件夹 10，添加名为 ReadDataFromDB3.aspx 页面，在页面中添加 ID 为 gv_SalesType 的 GridView 类网格控件。

第二步，编写 Page_Load 事件方法，用数据阅读器为视图 GridView 提供数据源。代码见清单 3-31。

清单 3-31　用数据阅读器为视图 GridView 提供数据源

```
protected void Page_Load(object sender, EventArgs e)
{
    if (!IsPostBack)
    {
        //读取 web.config 文件中的名为"hcitpos1"的连接串文本
        string strcon =
        ConfigurationManager.ConnectionStrings["hcitpos1"].ConnectionString;
        //用连接串文本为参数构造连接实例 conn
        SqlConnection conn = new SqlConnection(strcon);
        //用命令文本和连接实例 conn 为参数构造命令实例 cmd
        SqlCommand cmd = new SqlCommand("select * from SalesType", conn);
        //打开数据库连接
        conn.Open();
        //定义数据阅读器 SqlDataReade 对象
        SqlDataReader dr;
        //将调用命令对象的 ExecuteReader 方法得到的数据阅读器对象保存到 dr 中
        dr = cmd.ExecuteReader();
        gv_SalesType.DataSource = dr;
        gv_SalesType.DataBind();
        //关闭数据库连接
        conn.Close();
    }
}
```

第三步，浏览 ReadDataFromDB3.aspx 页面，可以看到数据表中所有的查询结果，列标题为字段名 ID 和 name，不符合中国人习惯，将标题改成中文，其实现方法为：将查询语句由"select * from SalesType"改为"select ID as 类型号，name as 类型名 from SalesType"。

关于 GridView 更具体的用法将在单元 4 详细描述。

单元 4

数据源配置与数据显示

本单元要点

- SqlDataSource 数据源建立
- ObjectDataSource 数据源建立
- GridView 控件的样式设置
- GridView 控件模板列的定义
- DataList 控件模板列的定义
- Repeater 控件的使用
- 三层架构的开发模式
- 父子表的数据显示

单元4 | 数据源配置与数据显示

数据源配置是数据显示的基础工作,数据显示又是数据更新必不可少的组成部分。

任务 4-1　使用 SqlDataSource 为 GridView 控件提供数据源

需求:

用网格视图 GridView 控件显示数据库 HCITPOS1.mdf 中的供应商信息数据表 SupplierInfo 中数据。要求显示所有记录中的部分列,列标题应为中文,能选择某条记录,记录奇偶行和选择行的背景色不同,能单击某个显示列后按该列进行排序。

分析:

数据源采用 SqlDataSource 类型,可以通过修改 Select 语句实现部分列的选择、列标题为中文及排序,但是 ASP.NET 中网格视图控件 GridView 提供了方便这些操作的功能,所以在任务 4-1 中只通过设置网格视图控件 GridView 属性完成。

实现:

第一步,新建网站 chapter04,添加一个名为 GridView_1.aspx 页面。将页面标题 title 设置为"供应商信息"。

第二步,添加网格视图和数据源控件。将数据库 HCITPOS1.mdf 复制到网站的 App_Data 目录下。从"视图"菜单选择"服务器资源管理器"命令打开该窗口。从"服务器资源管理器"窗口的数据连接中选择供应商信息数据表 SupplierInfo,将其拖放到 GridView_1.aspx 页面上,这时会产生 GridView1 和 SqlDataSource1 两个控件。GridView1 是显示数据的控件,SqlDataSource1 是提供数据的控件,GridView1 的数据源属性 DataSourceID 被自动指定为 SqlDataSource1。GridView1 的属性设置见清单 4-1。

清单 4-1　网格视图的属性设置

```
<asp:GridView ID="GridView1" runat="server" AutoGenerateColumns="False"
DataKeyNames="SupplierID" DataSourceID="SqlDataSource1"
EmptyDataText="没有可显示的数据记录." CellPadding="4"
ForeColor="#333333" GridLines="None" AllowSorting="True"
OnSelectedIndexChanged="GridView1_SelectedIndexChanged">
    <Columns>
        <asp:BoundField DataField="SupplierID" HeaderText="SupplierID"
         ReadOnly="True" SortExpression="SupplierID" />
        <asp:BoundField DataField="SupplierName" HeaderText="SupplierName"
            SortExpression="SupplierName" />
        <asp:BoundField DataField="ShortCode" HeaderText="ShortCode"
            SortExpression="ShortCode" />
        <asp:BoundField DataField="Address" HeaderText="Address"
            SortExpression="Address" />
        <asp:BoundField DataField="Linkman" HeaderText="Linkman"
            SortExpression="Linkman" />
        <asp:BoundField DataField="Phone" HeaderText="Phone"
            SortExpression="Phone" />
        <asp:BoundField DataField="Mobile" HeaderText="Mobile"
            SortExpression="Mobile" />
        <asp:BoundField DataField="Fax" HeaderText="Fax" SortExpression="Fax" />
```

```
        <asp:BoundField DataField="Postcode" HeaderText="Postcode"
            SortExpression="Postcode" />
        <asp:BoundField DataField="EMail" HeaderText="EMail"
            SortExpression="EMail" />
        <asp:BoundField DataField="Homepage" HeaderText="Homepage"
            SortExpression="Homepage" />
        <asp:BoundField DataField="BankName" HeaderText="BankName"
         SortExpression="BankName" />
        <asp:BoundField DataField="BankAccount" HeaderText="BankAccount"
            SortExpression="BankAccount" />
        <asp:BoundField DataField="TaxID" HeaderText="TaxID"
            SortExpression="TaxID" />
        <asp:BoundField DataField="Notes" HeaderText="Notes"
            SortExpression="Notes" />
    </Columns>
</asp:GridView>
```

其中，asp:BoundField 为绑定列，指出了与显示列相关的信息，最重要的是 DataField 属性，它指示了该列对应的数据表中的列名。

第三步，打开"源"模式，删除本任务数据查询之外不需要的部分，将 SelectCommand 属性简化为："SELECT * FROM [SupplierInfo]"，修改后 SqlDataSource1 控件的部分代码见清单 4-2。

清单 4-2　SqlDataSource 数据源的设置

```
<asp:SqlDataSource ID="SqlDataSource1" runat="server"
ConnectionString="<%$ ConnectionStrings:HCITPOS1ConnectionString1 %>"
ProviderName="<%$ ConnectionStrings:HCITPOS1ConnectionString1.ProviderName %>"
SelectCommand="SELECT * FROM [SupplierInfo]" >
</asp:SqlDataSource>
```

浏览该页面，结果如图 4-1 所示。

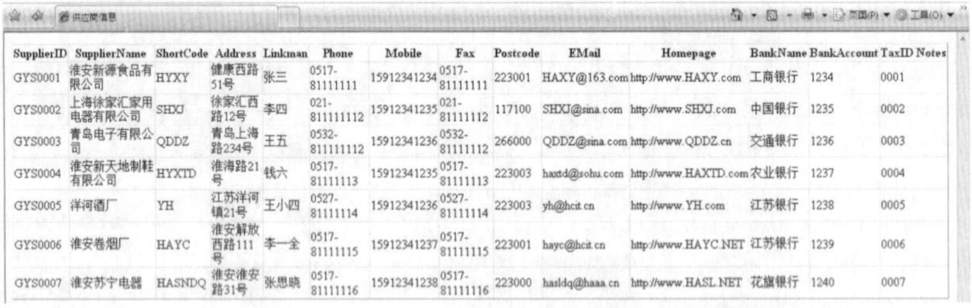

SupplierID	SupplierName	ShortCode	Address	Linkman	Phone	Mobile	Fax	Postcode	EMail	Homepage	BankName	BankAccount	TaxID	Notes
GYS0001	淮安新源食品有限公司	HXYY	健康西路51号	张三	0517-81111111	15912341234	0517-81111111	223001	HAXY@163.com	http://www.HAXY.com	工商银行	1234	0001	
GYS0002	上海徐家汇家电器有限公司	SHXJ	徐家汇路12号	李四	021-81111112	15912341235	021-81111112	117100	SHXJ@sina.com	http://www.SHXJ.com	中国银行	1235	0002	
GYS0003	青岛上海电子有限公司	QDDZ	青岛上海路234号	王五	0532-81111112	15912341235	0532-81111112	266000	QDDZ@sina.com	http://www.QDDZ.com	交通银行	1236	0003	
GYS0004	淮安新天地制鞋有限公司	HXYTD	淮海路21号	钱六	0517-81111113	15912341235	0517-81111113	223003	haxtd@sohu.com	http://www.HAXTD.com	农业银行	1237	0004	
GYS0005	洋河酒厂	YH	江苏洋河镇21号	王小四	0527-81111114	15912341236	0527-81111114	223003	yh@hcit.cn	http://www.YH.com	江苏银行	1238	0005	
GYS0006	淮安卷烟厂	HAYC	淮安解放西路111号	李一金	0517-81111115	15912341237	0517-81111115	223001	hayc@hcit.cn	http://www.HAYC.NET	江苏银行	1239	0006	
GYS0007	淮安苏宁电器	HASNDQ	淮安淮安路31号	张思晓	0517-81111116	15912341236	0517-81111116	223000	hasldq@haaa.cn	http://www.HASL.NET	花旗银行	1240	0007	

图 4-1　GridView 控件显示数据表所有数据

第四步，设置网格视图的样式。右击网格视图，在弹出的快捷菜单中选择"自动套用格式"命令，在弹出的对话框中选择"彩色型"选项，此时在"设计"模式中显示这种格式的效果，在"源"模式中插入了清单 4-3 所示代码。

清单 4-3　自动套用格式——彩色型样式属性

```
<FooterStyle BackColor="#990000" Font-Bold="True" ForeColor="White" />
<RowStyle BackColor="#FFFBD6" ForeColor="#333333" />
<PagerStyle BackColor="#FFCC66" ForeColor="#333333" HorizontalAlign="Center" />
<SelectedRowStyle BackColor="#FFCC66" Font-Bold="True" ForeColor="Navy" />
```

```
<HeaderStyle BackColor="#990000" Font-Bold="True" ForeColor="White" />
<AlternatingRowStyle BackColor="White" />
```

浏览该页面，结果如图 4-2 所示。

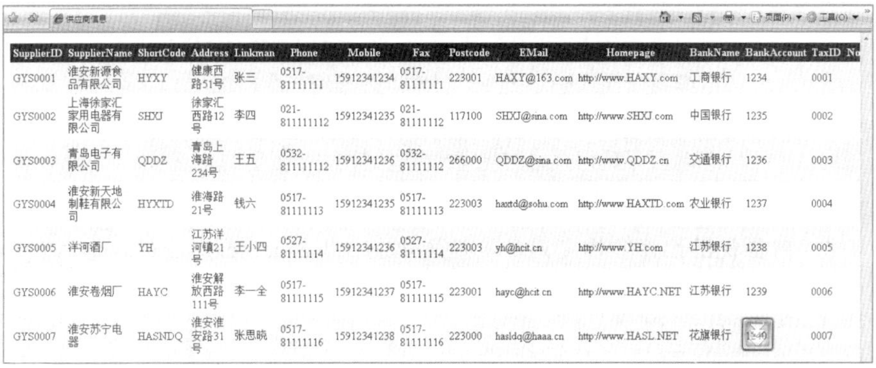

图 4-2 GridView 控件自动套用格式——彩色型

切换到"源"模式进行修改，更多的改动可在属性窗口进行，如图 4-3 所示对 FooterStyle 的修改。

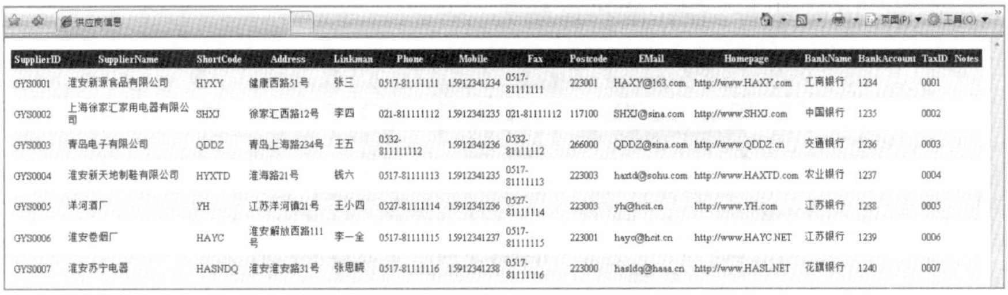

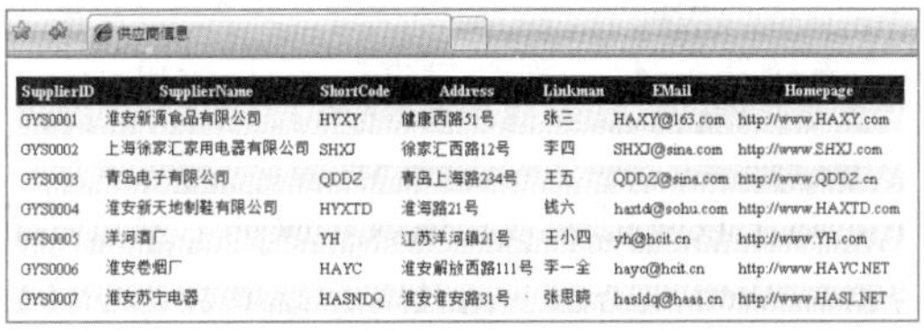

第五步，设置表格样式。为使表格中字号变成 10 磅大小，根据 GridView 控件在客户端产生的标签为 <table>，只要在页面的<head>节中添加清单 4-4 所示的样式定义就能控制表格字号，如图 4-4 所示。

清单 4-4 表格字号的样式定义

图 4-3 页脚样式 FooterStyle 的属性列表

```
<style type="text/css">
table{
    font-size:10pt;
}
</style>
```

图 4-4 设置了表格字号后的 GridView 控件

第六步，在"源"模式下，按图 4-5 所示保留部分绑定列，删除其他绑定列。

图 4-5 删除部分绑定列后的 GridView 控件

第七步，在"源"模式下，按图 4-6 所示修改各个绑定列的标题文本属性 HeaderText 值。其代码见清单 4-5。

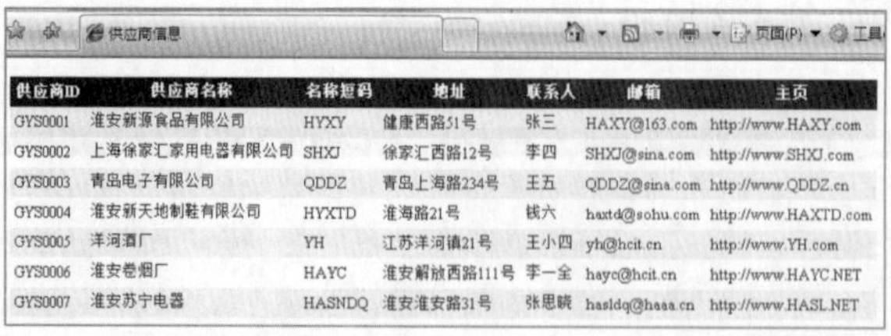

图 4-6 修改了列标题文本 HeaderText 后的 GridView 控件

清单 4-5 网格视图控件各绑定列的标题文本属性 HeaderText 设置

```
<Columns>
<asp:BoundField DataField="SupplierID" HeaderText="供应商 ID" ReadOnly="True"
    SortExpression="SupplierID" />
<asp:BoundField DataField="SupplierName" HeaderText="供应商名称"
    SortExpression="SupplierName" />
<asp:BoundField DataField="ShortCode" HeaderText="名称短码"
    SortExpression="ShortCode" />
<asp:BoundField DataField="Address" HeaderText="地址"
    SortExpression="Address" />
<asp:BoundField DataField="Linkman" HeaderText="联系人"
    SortExpression="Linkman" />
    <asp:BoundField DataField="EMail" HeaderText="邮箱" SortExpression="EMail" />
<asp:BoundField DataField="Homepage" HeaderText="主页"
    SortExpression="Homepage" />
    <asp:CommandField ShowSelectButton="True" />
</Columns>
```

第八步，启用排序。将鼠标移至网格视图上，单击出现在右上角的黑三角，在弹出的设置菜单中选取"启用排序"命令，这时标题文本变成超链接形式。浏览页面，在页面的标题"联系人"上单击，出现图 4-7 所示的排序结果。

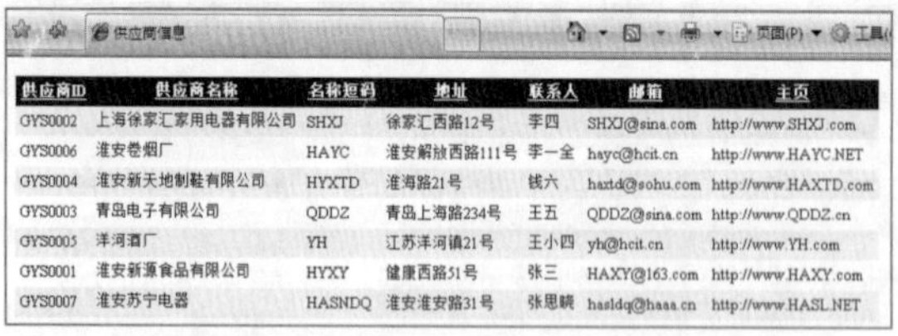

图 4-7 启用排序后的 GridView 控件

第九步，启用选定功能。与上一步相同，在弹出的设置菜单中选取"启用选定内容"命令，"源"代码中添加了命令列"<asp:CommandField ShowSelectButton="True" />"，在表格的最左侧出现超链接形式的"选择"文本。浏览页面，在某行单击后出现图 4-8 所示不同背景的选择行。

第十步，启用分页功能。对于较多记录的数据表，应加上分页功能，以减少页面占有空间和服务器端（包含数据库服务器和 Web 服务器）与其客户端间数据的传输量。操作是在弹出的设置菜单中选取"启用分页"命令，并在属性窗口设置 PageSize 为 4，得到图 4-9 所示的页面。

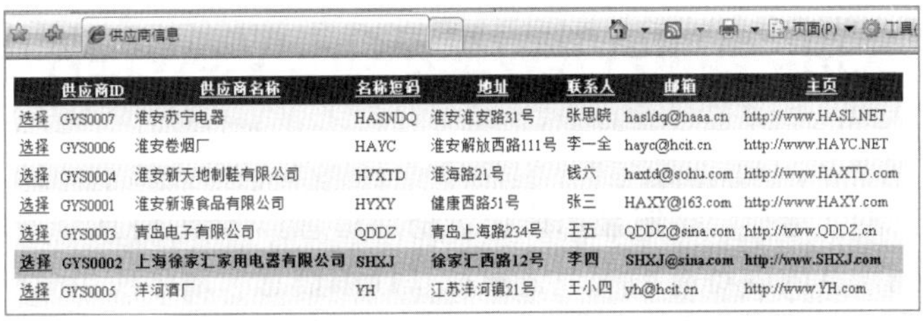

	供应商ID	供应商名称	名称短码	地址	联系人	邮箱	主页
选择	GYS0007	淮安苏宁电器	HASNDQ	淮安淮安路31号	张思晓	hasldq@haaa.cn	http://www.HASL.NET
选择	GYS0006	淮安卷烟厂	HAYC	淮安解放西路111号	李一全	hayc@hcit.cn	http://www.HAYC.NET
选择	GYS0004	淮安新天地制鞋有限公司	HYXTD	淮海路21号	钱六	haxtd@sohu.com	http://www.HAXTD.com
选择	GYS0001	淮安新源食品有限公司	HYXY	健康西路51号	张三	HAXY@163.com	http://www.HAXY.com
选择	GYS0003	青岛电子有限公司	QDDZ	青岛上海路234号	王五	QDDZ@sina.com	http://www.QDDZ.cn
选择	GYS0002	上海徐家汇家用电器有限公司	SHXJ	徐家汇西路12号	李四	SHXJ@sina.com	http://www.SHXJ.com
选择	GYS0005	洋河酒厂	YH	江苏洋河镇21号	王小四	yh@hcit.cn	http://www.YH.com

图 4-8　启用选定内容后的 GridView 控件

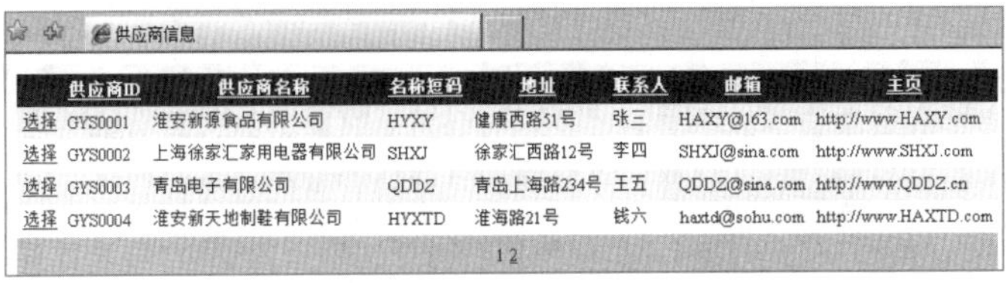

	供应商ID	供应商名称	名称短码	地址	联系人	邮箱	主页
选择	GYS0001	淮安新源食品有限公司	HYXY	健康西路51号	张三	HAXY@163.com	http://www.HAXY.com
选择	GYS0002	上海徐家汇家用电器有限公司	SHXJ	徐家汇西路12号	李四	SHXJ@sina.com	http://www.SHXJ.com
选择	GYS0003	青岛电子有限公司	QDDZ	青岛上海路234号	王五	QDDZ@sina.com	http://www.QDDZ.cn
选择	GYS0004	淮安新天地制鞋有限公司	HYXTD	淮海路21号	钱六	haxtd@sohu.com	http://www.HAXTD.com

1 2

图 4-9　启用分页后的 GridView 控件

第十一步，调整选择列位置。为了照顾正常的操作习惯，将设置“选择”列于表格的最右列，操作方法是在“源”模式中将<asp:CommandField ShowSelectButton="True" />放在 Columns 的最后。浏览页面，在某行单击后出现图 4-10 所示的界面。

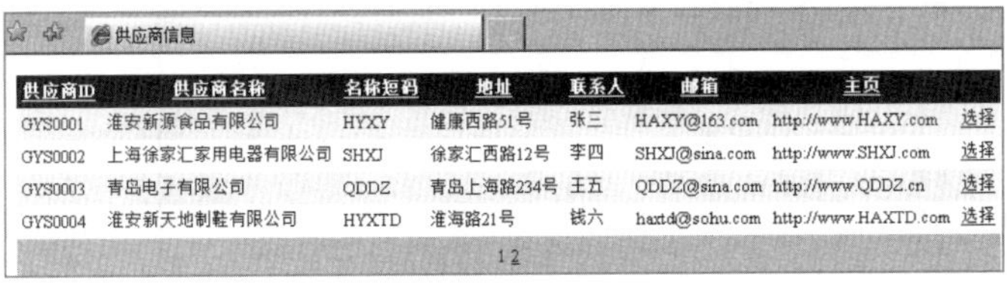

供应商ID	供应商名称	名称短码	地址	联系人	邮箱	主页	
GYS0001	淮安新源食品有限公司	HYXY	健康西路51号	张三	HAXY@163.com	http://www.HAXY.com	选择
GYS0002	上海徐家汇家用电器有限公司	SHXJ	徐家汇西路12号	李四	SHXJ@sina.com	http://www.SHXJ.com	选择
GYS0003	青岛电子有限公司	QDDZ	青岛上海路234号	王五	QDDZ@sina.com	http://www.QDDZ.cn	选择
GYS0004	淮安新天地制鞋有限公司	HYXTD	淮海路21号	钱六	haxtd@sohu.com	http://www.HAXTD.com	选择

1 2

图 4-10　调整选择列后的 GridView 控件

说明

（1）<%$ %>可以从 Web.Config 文件中读取数据。代码见清单 4-6。

清单 4-6　Web.Config 文件中保存的访问 App_Data 文件夹下数据库文件的连接串

```
<connectionStrings>
   <add name="hcitpos1"
    connectionString="Data Source=.\SQLEXPRESS;
    AttachDbFilename=|DataDirectory|\HCITPOS1.mdf;
    Integrated Security=True;User Instance=True"
        providerName="System.Data.SqlClient"/>
</connectionStrings>
```

语句“<%$ connectionStrings: hcitpos1%>”可以读取到表示连接串的 connectionString 的属性值，它是“<%$ connectionStrings:hcitpos1.connectionString %>”的简写；用<%$ connectionStrings: hcitpos1.providerName %>可以读取到表示数据库操作命名空间 providerName 属性值 System.Data.SqlClient。

（2）连接串中数据源为.\SQLEXPRESS。它是集成在 VS 2013 中的数据库服务器，AttachDbFilename 表示数据库文件的位置，因为文件放在网站的特定目录 App_Data 中，因此指明数据库路径也比较特殊，“|DataDirectory|”代表了 App_Data 目录，不随网站整体移动而改变，这给网站部署带来了方便。

任务 4-2　使用 DetailsView 显示 GridView 控件中选择的记录

需求：

使用任务 4-1 中的"选择"按钮显示该记录全部信息。"详细信息"部分与原记录表格在同一页面。因为详细信息内容可能很大，要求在"详细信息"部分使用滚动条。"详细信息"部分只在选择记录时显示，并可关闭显示，如图 4-11 所示。

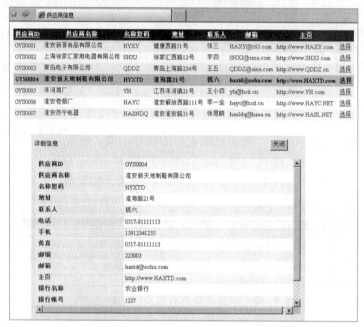

图 4-11　用 DetailsView 显示 GridView 控件中选择的记录运行界面

分析：

ASP.NET 中细节视图控件 DetailsView 能方便地显示一条记录。使用两个绝对定位的 DIV 可实现"详细信息"部分整体定位和记录部分定位与滚动。标题和"关闭"按钮部分可用 TABLE 布局。DetailsView 控件的数据源，仍使用 SqlDataSource 类型控件，只是另一个不同的控件实例 SqlDataSource2，它带有 Select 参数，其参数值由 GridView 控件中的"选择"按钮所在行的 SupplierID 决定。

实现：

第一步，新建文件夹 02，复制任务 4-1 中的页面，添加两个 DIV，并按清单 4-7 设置其样式。

清单 4-7　显示详细信息的 DIV

```
<div id="div1" style="position:absolute; width:600px; height:400px; overflow:
hidden; left:50px; top:240px; background-color:#eef;display:none;">
</div>
```

第二步，添加 DetailsView 控件。设置其 ID 为 DetailsView1，并设置"自动套用格式"为"彩色型"。

第三步，配置 DetailsView1 的数据源。

单击 DetailsView1 右上方的黑三角，在"选择数据源"的列表中选择"新建数据源"选项，弹出图 4-12 所示的"数据源配置向导"对话框，选择"数据库"为数据源，并指定其数据源 ID 为 SqlDataSource2。单击"确定"按钮打开下一对话框。

在图 4-13 所示的"配置数据源"对话框中选择 Web.Config 在任务 4-1 中产生的连接串。单击"下一步"按钮。

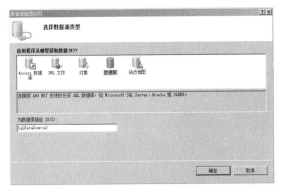

图 4-12 为数据源配置指定数据源类型和 ID

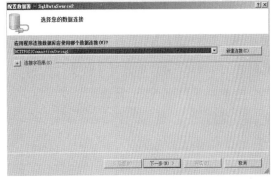

图 4-13 为数据源配置指定数据连接

检索数据的方式为"指定自定义 SQL 语句或存储过程"，单击"下一步"按钮，如图 4-14 所示。

输入 SQL 语句，单击"下一步"按钮，如图 4-15 所示。

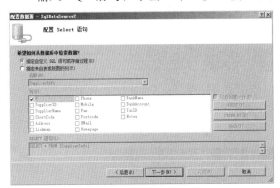

图 4-14 为数据源配置指定数据查询方式

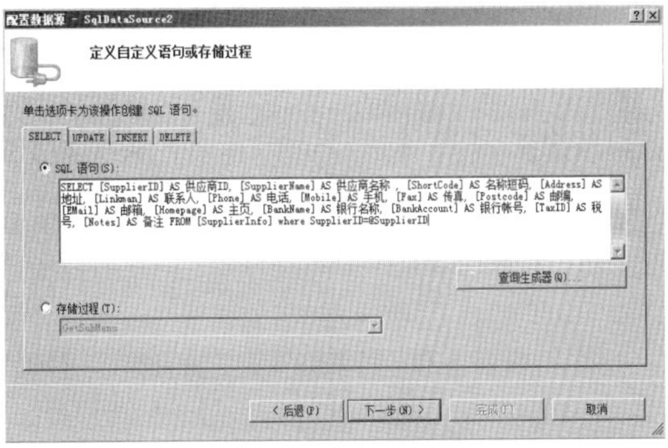

图 4-15 为数据源配置指定数据查询语句

SQL 语句中参数 SupplierID 的数值来源，选择"None"选项，此时在 SqlDataSource2 中将产生清单 4-8 所示的参数设置代码。单击"下一步"按钮，如图 4-16 所示。

清单 4-8　SqlDataSource 数据源中选择参数集的定义

```
<SelectParameters>
    <asp:Parameter Name="SupplierID" />
</SelectParameters>
```

在图 4-17 所示的对话框中单击"测试查询"按钮，完成数据源的测试。设置 SQL 语句中参数 SupplierID 的数值来源，查看所设置的数据源对应的记录。

 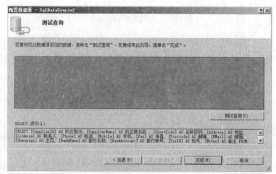

图 4-16　为数据源配置数据查询语句中的参数指定参数源　　图 4-17　测试查询所配置的数据源

在 GridView 控件的选择事件方法中编写清单 4-9 所示代码。

清单 4-9　GridView 控件选择事件的方法定义

```
protected void GridView1_SelectedIndexChanged(object sender, EventArgs e)
{
    SqlDataSource2.SelectParameters["SupplierID"].DefaultValue=
    GridView1.Rows[GridView1.SelectedIndex].Cells[0].Text;
    ClientScript.RegisterStartupScript(this.GetType(), "",
    "<script> div1.style.display='block';</script>");
    DetailsView1.DataBind();
}
```

任务 4-3　实现 GridView 控件中邮件发送和主页链接

需求：

按图 4-18 所示设计运行界面，实现如下功能：

① 单击邮箱能按邮件地址发送邮件；
② 单击主页能打开该页面。

图 4-18　实现 GridView 控件中邮件发送和主页链接的运行界面

分析：

为了实现本任务要求，应将邮箱和主页两列作为模板列，为它们分别设置超链接。

实现：

第一步，新建文件夹 03，复制任务 4-1 的页面，并将其页面文件重命名为 GridView_3.aspx，将类名改为 GridView_3。

第二步，将邮箱和主页两列作为模板列。将鼠标移至网格视图上，单击出现在右上角的黑三角，在弹出的设置菜单中选取"编辑列"命令，弹出图 4-19 所示的"字段"对话框。将"邮箱"列和"主页"列由原来的绑定列（BoundField），通过单击"将此字段转换为 TemplateField"按钮将它们变成模板列（TemplateField）。

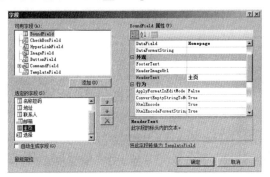

图 4-19 将绑定字段 BoundField 转换为模板字段 TemplateField

对应的源代码见清单 4-10。

清单 4-10 网格视图中模板字段的定义

```
<asp:TemplateField HeaderText="邮箱" SortExpression="EMail">
    <EditItemTemplate>
        <asp:TextBox ID="TextBox1" runat="server" Text='<%# Bind("EMail") %>'>
        </asp:TextBox>
    </EditItemTemplate>
    <ItemTemplate>
        <asp:Label ID="Label1" runat="server" Text='<%# Bind("EMail") %>'>
        </asp:Label>
    </ItemTemplate>
</asp:TemplateField>
<asp:TemplateField HeaderText="主页" SortExpression="Homepage">
    <EditItemTemplate>
        <asp:TextBox ID="TextBox2" runat="server" Text='<%# Bind("Homepage") %>'>
        </asp:TextBox>
    </EditItemTemplate>
    <ItemTemplate>
        <asp:Label ID="Label2" runat="server" Text='<%# Bind("Homepage") %>'>
        </asp:Label>
    </ItemTemplate>
</asp:TemplateField>
```

清单 4-10 的模板列中有两类模板：ItemTemplate（项模板即浏览时模板）和 EditItemTemplate（编辑项模板）。

第三步，编辑模板列。右击 GridView 控件，在弹出的快捷菜单中选择"编辑模板"命令和下级菜单的某个列，按图 4-20 所示将项模板中的 Label 类控件换成 HyperLink 类控件。

第四步，设置 HyperLink 控件的数据绑定属性。将用于显示的 Text 属性设置为原来数据列，将用于导航的 NevigateURL 设置为链接格式，即邮箱设置为 mailto:{0}，主页设置为"Http://{0}"，其中{0}代表原来数据列数据。按图 4-21 所示的格式设置自定义绑定的代码表达式。

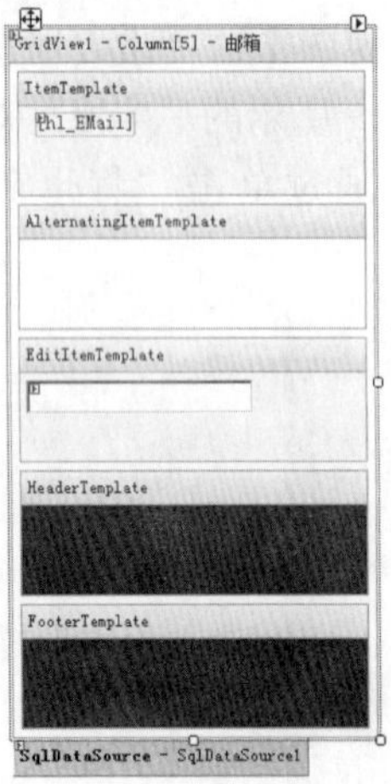

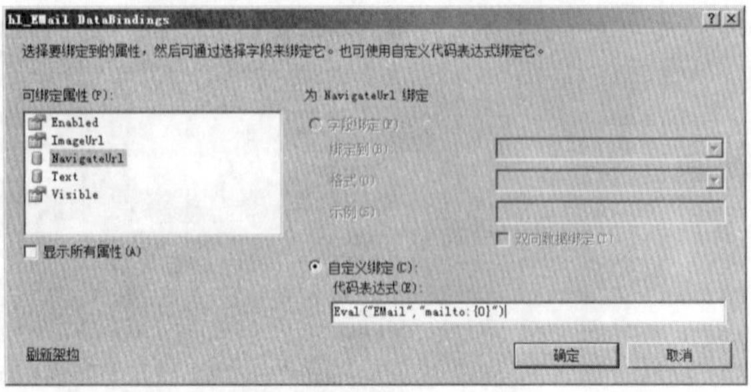

图 4-20　模板字段 TemplateField 模板编辑器　　图 4-21　设置模板中控件可绑定属性的绑定值

在源代码中有清单 4-11 所示的对应代码。

清单 4-11　E-mail 字段项模板中 HyperLink 控件的数据绑定

```
<ItemTemplate>
  <asp:HyperLink ID="hl_EMail" runat="server"
    NavigateUrl='<%# Eval("EMail","mailto:{0}") %>'
    Text='<%# Eval("EMail") %>'>
  </asp:HyperLink>
</ItemTemplate>
```

用同样的方法仿照清单 4-11，得到清单 4-12 所示的主页模板列的设置源代码。

清单 4-12　HomePage 字段项模板中 HyperLink 控件的数据绑定

```
<ItemTemplate>
  <asp:HyperLink ID="hl_HomePage" runat="server"
    NavigateUrl='<%# Eval ("HomePage") %>'
    Text='<%# Eval("HomePage") %>'>
  </asp:HyperLink>
</ItemTemplate>
```

第五步，浏览页面，观察链接效果。单击"邮件"列，弹出图 4-22 所示的邮件发送窗口。

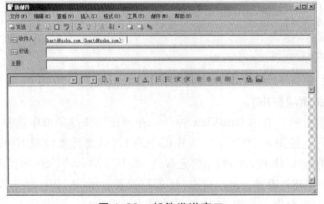

图 4-22　邮件发送窗口

删除主页列前缀"Http://"。因为主页 HomePage 中已经存在 Http://，为了使主页列少占空间，应将 HyperLink 控件的 Text 属性值取左子串，绑定表达式部分见清单 4-13。

清单 4-13　获得子串的绑定表达式

```
Text='<%#(Eval("HomePage") as String).Substring(7) %>'
```

> **说明**
>
> 模板列作用很大，主要表现在以下几个方面：
> ① 改变某列的显示控件；
> ② 改变某列的显示样式，如设置颜色、限定宽度、设置字体等；
> ③ 改变某列的显示数据形式。
> 如果要在 GridView 控件的某列显示图像，则在模板列中添加显示图像的控件 asp:Image 或<img>标签，并用数据列设置有关图像属性 ImageUrl 或 src。
> 在模板列中设置控件的 ID 属性，如邮箱项模板中设置为 hl_Email，在本任务中虽然没起作用，但在今后的任务中是很有用的。如果要访问表示邮箱的 HyperLink 控件的 NavigateUrl 属性值，访问顺序为：先访问所在行 GridView1.Rows[GridView1.SelectedIndex]；再访问所在列 GridView1.Rows[GridView1.SelectedIndex].Cells[5]；再由该列按控件 ID 查找该列中的指定控件，由此访问属性：(GridView1.Rows[GridView1.SelectedIndex].Cells[5].FindControl("hl_EMail") as HyperLink).NavigateUrl。
> 表达式中 as 是一种运算符，用于兼容的引用类型之间执行类型的转换。
> 读者在今后的操作中能将对话框的可视化界面设计方式和源代码文本修改方式结合起来，对提高页面建立的速度带来很大的帮助。

任务 4-4　使用 DetailsView 显示 DataList 中选择记录

需求：

在记录数据较长的情况下，用卡片形式显示记录部分信息，单击后显示详细信息。要求每行显示记录中的单列，如图 4-23 所示。

分析：

使用 DataList 控件，编辑其项模板 ItemTemplate 和选择项模板 SelectedTemplate 就能实现本任务的要求。

实现：

第一步，新建文件夹 04，添加名为 DataList_4.aspx 页面，设置标题为"供应商信息"。

第二步，在 DataList_4.aspx 页面中加入数据列表控件 DataList，保持 ID 为默认的 DataList1。

第三步，复制任务 4-1 中的文件 SqlDataSource1。

图 4-23　使用 DetailsView 显示 DataList 中选择记录的运行界面

第四步，设置 DataList1 的数据源为 SqlDataSource1。此时界面设计模式会根据表中全部字段得到初始的样式。

第五步，设置 DataList1 控件的重复方向属性 RepeatDirection 为 Horizontal（水平），每行重复列数属性 RepeatColumns 设置为 1，设置 DataList 自动套用格式为"彩色型"，并设置适当的列宽。

第六步，修改模板。本任务只涉及项模板和选择项模板。添加选择项模板，将项模板内容复制到选择项模板中。

项模板设计见清单 4-14。

清单 4-14　项模板的定义

```
<ItemTemplate>
    <asp:Label ID="SupplierNameLabel" runat="server"
    Text='<%# Eval("SupplierName") %>'>
    </asp:Label>
    <asp:LinkButton ID="LinkButton1" runat="server" CommandName="Select">
        详细
    </asp:LinkButton><br/>
</ItemTemplate>
```

选择项模板设计见清单 4-15，限于篇幅，只列出部分字段。

清单 4-15　选择项模板定义

```
<SelectedItemTemplate>
    <table>
        <tr>
            <td>供应商 ID</td>
            <td><%# Eval("SupplierID") %></td>
        </tr>
        <tr>
            <td>供应商名称</td>
            <td><%# Eval("SupplierName") %></td>
        </tr>
        ……
        <tr>
            <td>主页</td>
            <td><asp:HyperLink ID="hl_HomePage" runat="server"
                NavigateUrl='<%# Eval("HomePage") %>'
                Text='<%#(Eval("HomePage") as String).Substring(7) %>'>
                </asp:HyperLink>
            </td>
        </tr>
        <tr>
            <td>开户银行</td>
            <td><%# Eval("BankName") %></td>
        </tr>
        <tr>
            <td>银行账号</td>
            <td><%# Eval("BankAccount") %></td>
        </tr>
```

```
    </table>
</SelectedItemTemplate>
```

第七步，添加头模板。设计头模板代码见清单 4-16。

清单 4-16　头模板的定义

```
<HeaderTemplate>
    供应商信息
</HeaderTemplate>
```

第八步，选择项模板属性设置。为了界面柔和，按清单 4-17 设置部分样式属性。

清单 4-17　选择项模板的样式设置

```
<SelectedItemStyle BackColor="#EEEEFF" Font-Bold="True" ForeColor="Navy" />
```

第九步，控件宽度设置。设置 DataList 控件宽度为 450 px 和项模板中的 Label 控件的宽度为 400 px，剩余空间给"详细"部分。

第十步，设置页面的样式，使得字体大小为 10 磅，选择项表格中各列水平间距为 10 px 代码见清单 4-18。

清单 4-18　表格样式的定义

```
<style type="text/css" >
    table{
        font-size:10pt;
    }
    td{
        padding-right:10px;
    }
</style>
```

第十一步，实现选择时的数据绑定。设置项模板中 LinkButton1 的 CommandName 为"Select"，编写清单 4-19 所示的事件方法代码，以实现单击"详细"按钮立即显示所选择行的详细信息。

清单 4-19　DataList 控件选择事件的方法定义

```
protected void DataList1_SelectedIndexChanged(object sender, EventArgs e)
{
    DataList1.DataBind();
}
```

第十二步，浏览页面。

> **说明**
>
> （1）设置项模板中 LinkButton1 的 CommandName 为"Select"，表示它的作用是选择记录行，CommandName 还可设置为"Delete""Edit""Update""Insert"，实现对记录的修改。这些将在单元 5 的任务中介绍。
>
> （2）有些页面是用某列信息作为超链接文本代替"详细"按钮。实现代码如下：

清单 4-20　项模板中链接按钮 LinkButton 文本的数据绑定

```
<ItemTemplate>
    <asp:LinkButton ID="LinkButton1" runat="server"
        CommandName="select"><%# Eval("SupplierName") %>
    </asp:LinkButton>
    <br/>
</ItemTemplate>
```

（3）DataList 控件不能进行分页，但可以通过分页查询数据实现分页。

任务 4-5　用 Repeater 控件实现记录的表格显示

需求：

按图 4-24 所示设计运行界面，不用服务器端编程，只用数据重复器控件 Repeater 完成数据表格的绘制，表格要求有表头、宽为 1 px 的表格线、奇偶行背景色不同、有光带效果（即鼠标所在行的背景色不同于其他行）、供应商主页可实现导航功能。

分析：

使用数据重复器控件 Repeater 就可以完成这一任务。该控件具有表格中涉及的所有模板，如 HeaderTemplate（页眉模板）、ItemTemplate（奇数行模板）、AlternatingItemTemplate（交替项模板）、FooterTemplate（页脚模板）、SeparatorTemplate（分隔符模板）。

本任务未使用 SeparatorTemplate（分隔符模板）。

图 4-24　用 Repeater 控件实现记录的表格显示的运行界面

实现：

第一步，新建文件夹 05，添加名为 Repeater_5.aspx 页面，设置标题为"供应商信息"，并在页面中加入数据重复器控件 Repeater，保持 ID 为默认的 Repeater1。

第二步，复制任务 4-1 中的 SqlDataSource1。

第三步，设置 Repeater1 的数据源为 SqlDataSource1。

第四步，样式表定义。按清单 4-21 所示添加对表格样式的定义。

清单 4-21　表格样式的定义

```
<style type="text/css" >
    table{
        font-size:10pt;
        cellspace:5px;
    }
</style>
```

第五步，按表 4-1 设计各模板。

表 4-1 表格与模板

表 格 部 分	对 应 模 板
<table> 　　<thead><th></th><th></th></thead>	HeaderTemplate（页眉模板）
<tr><td></td><td></td></tr>	ItemTemplate（项模板）
<tr><td></td><td></td></tr>	AlternatingItemTemplate（交替项模板）
</table>	FooterTemplate（页脚模板）

由于 Repeater 控件没有可视化设计界面，只有用代码或复制其他有数据控件的可视化界面设计后的代码完成。下面给出这些模板设计的代码。

HeaderTemplate（页眉模板）部分设计见清单 4-22。

清单 4-22 页眉模板的设计

```
<HeaderTemplate>
      <table border="0" cellspacing="1px" cellpadding="5px"
style="background-color:Black;margin:10px;">
          <thead>
              <tr style="background-color:#EFF;">
                  <th colspan="2" style="width:500px;">供应商信息</th>
              </tr>
              <tr style="background-color:#EFF;">供应商名称</th>
                  <th style="width:300px;">
                  <th style="width: 200px;">供应商主页</th>
              </tr>
          </thead>
</HeaderTemplate>
```

ItemTemplate（项模板）设计见清单 4-23。

清单 4-23 项模板的设计

```
<ItemTemplate>
    <tr onmousemove="this.style.backgroundColor='#FF8'"
        onmouseout="this.style.backgroundColor='#DDF'"
        style="background-color: #DDF;">
        <td>
            <%# Eval("SupplierName") %>
        </td>
        <td>
            <asp:HyperLink ID="hl_HomePage" runat="server"
                NavigateUrl='<%# Eval("HomePage") %>'
                Text='<%#(Eval("HomePage") as String).Substring(7) %>'>
            </asp:HyperLink>
        </td>
    </tr>
</ItemTemplate>
```

AlternatingItemTemplate（交替项模板）部分与 ItemTemplate（奇数行模板）设计几乎相同，只是将表示背景色的#DDF 替换#EEF 即可。

FooterTemplate（页脚模板）最简单，设计代码见清单 4-24。

清单 4-24　页脚模板的设计

```
<FooterTemplate>
    </table>
</FooterTemplate>
```

第六步，浏览页面。至此，本任务已经完成。

> **说明**
>
> Repeater 控件不一定结合 TABLE 使用，TABLE 只是起到定位的作用，也可以使用其他标签实现定位。
>
> Repeater 控件与 DataList 控件在显示数据方面有相似之处，区别在于没有"自动格式套用"，样式要自己设计，没有 SelectedItemTemplate 选择项模板和 EditItemTemplate 编辑项模板。
>
> 本任务中使用了两个数据列，为了提高查询效率，应将 SqlDataSource1 中的 SelectCommandn 属性修改为 "SELECT SupplierName, HomePage FROM [SupplierInfo]"。
>
> 实现表格线的关键在于<table>标签背景色与<tr>标签背景色不同，它们背景色属性也可以表示为 bgcolor。

任务 4-6　使用 Repeater 控件实现记录背景交替与分隔显示

需求：

按图 4-25 所示，设计奇偶行记录的不同背景，用图形作水平分隔线。

分析：

使用 DIV 的 background-image 样式属性可以按指定图形画出本任务所需要的水平线。整个显示需定义项模板、交替项模板和分隔符模板，不用定义页眉模板和页脚模板。

图 4-25　使用 Repeater 控件实现记录背景交替与分隔显示

实现：

第一步，新建文件夹 06。复制任务 4-5 中的页面到 06 文件夹中，将其文件名和类名改为 Repeater_6.aspx 和 Repeater_6。

第二步，图形制作。在网站根目录下新建文件夹"images"，制作一个用作水平分隔线的含点的图像"dot.jpg"置于网站的 images 文件夹中。

第三步，使用 DIV 标签设计 Repeater 控件中所需的模板。下面给出这些模板设计的代码。ItemTemplate（项模板）设计见清单 4-25。

清单 4-25　项模板的设计

```
<ItemTemplate>
    <div onmousemove="this.style.backgroundColor='#FF8';"
        onmouseout="this.style.backgroundColor='#DDF'"
```

```
        style="background-color: #DDF; width: 520px;">
        <div style="width: 300px; float: left">
            <%# Eval("SupplierName") %>
        </div>
        <div style="width: 200px">
            <asp:HyperLink ID="hl_HomePage" runat="server"
                NavigateUrl='<%# Eval("HomePage") %>'
                Text='<%#(Eval("HomePage") as String).Substring(7) %>'>
            </asp:HyperLink></td>
        </div>
    </div>
</ItemTemplate>
```

第四步,设计交替项模板。AlternatingItemTemplate(交替项模板)部分与 ItemTemplate (奇数行模板)设计几乎相同,只是将表示背景色的#DDF 替换#EEF 即可。

第五步,设计分隔符模板。SeparatorTemplate(分隔符模板)的设计代码见清单 4-26。

清单 4-26　分隔符模板的设计

```
<SeparatorTemplate>
    <div style="width: 520px; height: 3px;
    background-image: url(images/dot.jpg);">
    </div>
</SeparatorTemplate>
```

第六步,设置 DIV 的样式。在页面的<head>标签中设置 DIV 的样式,代码见清单 4-27。

清单 4-27　DIV 标签样式的定义

```
<style type="text/css">
    div{
        font-size:10pt;
        margin:1px;
    }
</style>
```

切换到设计模式,如图 4-26 所示。

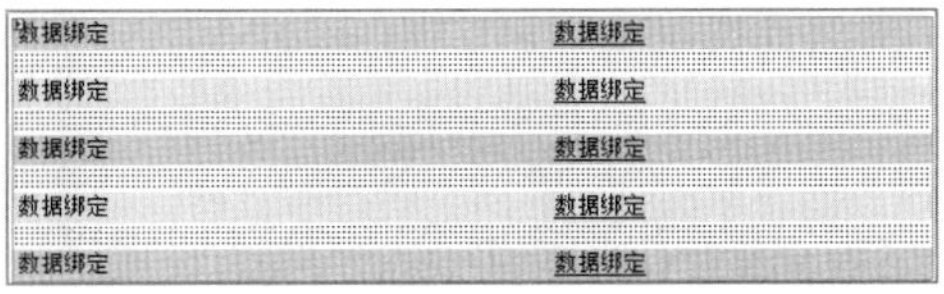

图 4-26　使用 Repeater 控件实现记录背景交替与分隔显示的设计模式

第七步,浏览页面。至此,本任务已经完成。

说明

(1)整个显示区域宽度为 520 px,其中第一列和第二列分别设置为 300 px 和 200 px,加上 margin 的宽度 20 px(2*2*5 px)。

(2)分隔符模板中 DIV 标签的宽度 width 和高度 height 属性必须指定,否则背景图像不会显示。

任务 4-7 使用 ObjectDataSource 为 Repeater 控件提供数据源

需求：

定义数据记录的存储实体类，并使用该类所构造的集合对象作为数据源，按任务 4-6 的样式显示数据记录。

分析：

本任务用集合对象作数据源。为此应定义一个专门存储对象数据的实体类（Model），用实体类作参数定义数据访问对象类（DAO，数据访问层），再定义一个业务逻辑类（BLL，业务逻辑层）调用 DAO，将方法公开给页面（表现层），由此通过简单的三层结构实现数据的访问。

为了简单起见，这里只选择供应商数据表 SupplierInfo 的 SupplierName 和 HomePage 两列。

实现：

第一步，新建文件夹 07，复制任务 4-6 中的页面，并将其重命名为 ObjectCollection DataSource.aspx，并删除原有的 SqlDataSource1 控件和 Repeater1 控件中 DataSourceId 属性的设置。

第二步，在网站的根目录下三层结构的目录文件夹如图 4-27 所示。

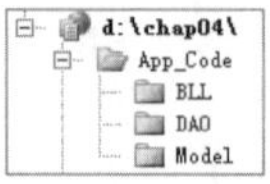

第三步，在 Model 文件夹下新建名为 CSupplier_Model.cs 的类文件，详细代码见清单 4-28。

图 4-27 简单三层结构的目录

清单 4-28 实体类的定义

```
public class CSupplier_Model
{
    string _SupplierName;

    public string SupplierName
    {
        get { return _SupplierName; }
        set { _SupplierName = value; }
    }
    string _HomePage;

    public string HomePage
    {
        get { return _HomePage; }
        set { _HomePage = value; }
    }
}
```

第四步，在 DAO 文件夹下添加通用数据访问组件类 SqlHelper.cs，由该类已由他人定义好，可以直接拿来使用，以实现对 SQL 数据库的各种通用操作。

SqlHelper.cs 中连接串的读取代码见清单 4-29。

清单 4-29 通用数据访问组件类中连接串的读取与连接对象的构造

```
public static readonly SqlConnection SQLCONN =
  new SqlConnection(ConfigurationManager.ConnectionStrings
      ["ConnectionString"].ConnectionString);
```

为此在 Web.config 文件中要包含清单 4-30 所示的定义，指出连接串文本。

清单 4-30　通用数据访问组件类所要求的 Web.config 连接串的定义格式

```
<configuration>
<appSettings/>
<connectionStrings>
    <add name="ConnectionString"
      connectionString="……" providerName="System.Data.SqlClient"/>
</connectionStrings>
……
</configuration>
```

第五步，在 DAO 文件夹下新建名为 CSupplier_DAO.cs 类，以执行数据查询操作，详细代码见清单 4-31。

清单 4-31　数据访问对象类的定义

```
//其他命名空间（略）
using System.Collections.Generic;

public class CSupplier_DAO
{
    public List<CSupplier_Model> GetAll()
    {
        string sql = "SELECT SupplierName,HomePage FROM [SupplierInfo]";
        DataSet ds = SqlHelper.ExecuteDataset(sql);
        List<CSupplier_Model> list = new List<CSupplier_Model>();
        foreach (DataRow row in ds.Tables[0].Rows)
        {
            CSupplier_Model elem = new CSupplier_Model();
            elem.SupplierName = row["SupplierName"].ToString();
            elem.HomePage = row["HomePage"].ToString();
            list.Add(elem);
        }
        return list;
    }
}
```

第六步，在 BLL 文件夹下新建名为 CSupplier_BLL.cs 类，以调用 CSupplier_DAO 执行数据查询操作，向页面提供数据源，详细代码见清单 4-32。

清单 4-32　业务逻辑层的定义

```
//其他命名空间（略）
using System.Collections.Generic;

public class CSuppier_BLL
{
    public List<CSupplier_Model> GetAll()
    {
        return new CSupplier_DAO().GetAll();
    }
}
```

第七步，按图 4-28～图 4-30 所示的顺序，为 Repeater1 控件新建数据源。

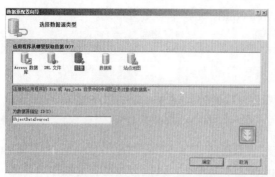 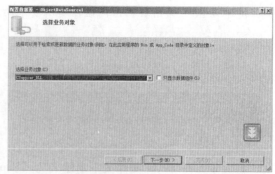

图 4-28　对象数据源配置向导——数据源类型的选择　　图 4-29　对象数据源配置向导——业务对象的选择

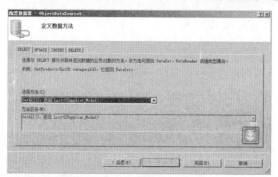

图 4-30　对象数据源配置向导——业务对象 Select 操作的方法选择

第八步，浏览页面得到和任务 4-6 相同的页面。至此，本任务已经完成。

> **说明**
>
> 　　用三层结构开发系统是许多软件公司常常采取的方法，同一个数据库的连接串只在网站根目录的 Web.config 文件中设定，同一个数据表的类只需要定义一次，它的好处是减少代码重复，提高代码可重用性和可维护性，便于项目组多人分工合作完成大型项目。
>
> 　　页面部分只看到 BLL 层的调用，不去关心其内部是如何实现的；DAO 执行具体的数据库操作，或是调用 T-Sql 语句，或是调用存储过程，至于具体如何连接数据库，如何执行数据库操作都被封闭到通用数据访问层 SqlHelper.cs 的 SqlHelper 中。
>
> 　　以上只是针对数据查询所做的定义，如果要在对象中增加其他操作，只需定义 DAO 和 BLL 相应操作即可，相信读者已经具备了这方面的能力，这些将在下一单元数据库数据修改中说明。
>
> 　　DAO 中 GetAll 方法的语句 "DataSet ds = SqlHelper.ExecuteDataset(sql)" 执行时，数据连接的打开与关闭自动完成，不用开发人员过问。详细代码读者可查看清单 4-33 所列出的在 SqlHelper.cs 文件中下列方法定义。
>
> 清单 4-33　通用数据访问组件类获取数据集的方法原型
>
> ```
> public static DataSet ExecuteDataset(string commandText) {…}
>
> public static DataSet ExecuteDataset(SqlConnection connection, CommandType commandType, string commandText, params SqlParameter[] commandParameters) {…}
> ```

```
    private static void PrepareCommand(SqlCommand command, SqlConnection
connection, SqlTransaction transaction, CommandType commandType, string
command Text, SqlParameter[] commandParameters, out bool mustClose
Connection ) {…}
```

如果使用 DataTable 作为数据源返回值类型,则在 DAO 和 BLL 中添加 GetTable 方法定义,并在页面中将 ObjectDataSource1 控件的 SelectMethod 替换为 GetTable 同样也能实现查询。

DAO 中的定义见清单 4-34。

清单 4-34　返回数据表的 DAO 层方法定义

```
public DataTable GetTable()
{
    string sql = "SELECT SupplierName,HomePage FROM [SupplierInfo]";
    DataSet ds = SqlHelper.ExecuteDataset(sql);
    return ds.Tables[0];
}
```

BLL 中的定义见清单 4-35。

清单 4-35　返回数据表的 BLL 层方法定义

```
public DataTable GetTable()
{
    return new CSupplier_DAO().GetTable();
}
```

任务 4-8　使用两个 GridView 控件实现父子数据表的显示

需求：

按图 4-31 设计运行界面,实现选择父表中记录,显示相应的子表中所有记录。

分析：

本任务要根据两个查询语句才实现这个任务,使用的选择 DataList 数据控件显示主表数据,通过"查看该类商品信息"链接按钮用 GridView 数据控件显示商品信息中部分列。本任务仍采用三层结构。

图 4-31　使用两个 GridView 控件实现父子数据表显示的运行界面

实现：

第一步,建立文件夹 08,在其中添加名为 Parent_ChildDataSource_8.aspx 的页面,设置页面标题为"父子表显示",并在其中添加 DataList 控件 DataList1,设置"自动套用格式"为"彩色型",将选择项模板中的背景色样式替换为"#EEEEFF",DataList1 宽度属性 Width 为 350px。

第二步,建立与本操作相关的 DAO 和 BLL 类文件 CGoodsClass_DAO.cs 和 CGoodsClass_BLL.cs。CGoodsClass_DAO.cs 中的代码见清单 4-36。

清单4-36　两表关联数据集 DAO 层的定义

```
public class CGoodsClass_DAO
{
    public DataSet GetParentChildTable()
    {
        //查询两个表
        string sql = "SELECT * FROM [GoodsClass]; SELECT * FROM [GoodsInfo]";
        DataSet ds = SqlHelper.ExecuteDataset(sql);
        //建立两表间的关联
        ds.Relations.Add("RelationBetweenClassAndGoods",
            ds.Tables[0].Columns["ClassID"], ds.Tables[1].Columns["ClassID"]);
        return ds;
    }
}
```

CGoodsClass_BLL.cs 中的代码见清单 4-37。

清单4-37　两表关联数据集 BLL 层的定义

```
public class CGoodsClass_BLL
{
    public DataSet GetParentChildTable()
    {
        return new CGoodsClass_DAO().GetParentChildTable();
    }
}
```

第三步，DataList1 新建对象数据源 ObjectDataSource1，其代码见清单 4-38。

清单4-38　用 BLL 层配置对象数据源 ObjectDataSource

```
<asp:ObjectDataSource ID="ObjectDataSource1" runat="server"
SelectMethod="GetParentChildTable" TypeName="CGoodsClass_BLL">
</asp:ObjectDataSource>
```

第四步，设置 DataList1 控件的项模板。在项模板中用标签控件显示类别信息，用链接按钮选择该行，代码见清单 4-39。

清单4-39　DataList1 控件的项模板定义

```
<ItemTemplate>
    <asp:Label ID="Label1" runat="server"
    Text='<%# Eval("ClassID")+"\u3000\u3000"+Eval("ClassName") %>'>
    </asp:Label>
    <br/>
    <asp:LinkButton ID="LinkButton1" runat="server" CommandName="Select" >
        查看该类商品信息
    </asp:LinkButton>
</ItemTemplate>
```

第五步，设置 DataList1 控件的选择项模板。在选择项模板中用标签控件显示类别信息，用网格视图控件显示对应商品类别的商品信息，代码见清单 4-40。

清单 4-40 DataList 控件选择项模板的定义

```
<SelectedItemTemplate>
    <asp:Label ID="Label1" runat="server"
    Text='<%# Eval("ClassID")+"\u3000\u3000"+Eval("ClassName") %>'>
    </asp:Label>
    <br/>
    <asp:GridView ID="GridView1" runat="server" > </asp:GridView>
</SelectedItemTemplate>
```

第六步，设置选择项模板中 GridView 属性，其中选择了"自动套用格式"中的"彩色型"，这里控件数据源属性和设置模板列设置见清单 4-41。

清单 4-41 DataList 控件选择项模板中 GridView 控件属性的设置

```
<asp:GridView ID="GridView1" runat="server" AutoGenerateColumns="False"
    EmptyDataText="该类没有商品。" Width="350px"
    DataSource='<%# (Container.DataItem as System.Data.DataRowView).Row.
    GetChildRows("RelationBetweenClassAndGoods") %>'
    CellPadding="4" ForeColor="#333333" GridLines="None">
    <Columns>
        <asp:TemplateField HeaderText="商品ID">
            <ItemTemplate>
                <%# Eval("[GoodsID]") %>
            </ItemTemplate>
        </asp:TemplateField>
        <asp:TemplateField HeaderText="商品名称">
            <ItemTemplate>
                <%# Eval("[GoodsNam]") %>
            </ItemTemplate>
        </asp:TemplateField>
    </Columns>
    <FooterStyle BackColor="#990000" Font-Bold="True" ForeColor="White" />
    <RowStyle BackColor="#FFFBD6" ForeColor="#333333" />
    <PagerStyle BackColor="#FFCC66" ForeColor="#333333" HorizontalAlign=
"Center" />
    <SelectedRowStyle BackColor="#FFCC66" Font-Bold="True" ForeColor="Navy" />
    <HeaderStyle BackColor="#990000" Font-Bold="True" ForeColor="White" />
    <AlternatingRowStyle BackColor="White" />
</asp:GridView>
```

第七步，编码实现选择父表记录后子表记录立即更新。为使 DataList1 链接按钮正常完成选择功能，应对 DataList1 的 SelectedIndexChanged 事件处理方法编写清单 4-42 所示的代码。

清单 4-42 DataList 控件选择事件方法定义

```
protected void DataList1_SelectedIndexChanged(object sender, EventArgs e)
{
    DataList1.DataBind();
}
```

第八步，浏览页面。至此，页面符合本任务的要求。

> **说明**
>
> （1）使用两条以上的 select 语句可以完成多表查询，select 语句间用分号间隔。
>
> （2）数据表的关联集合 Relations 是数据集的一个对象属性，用关联名文本、父表主键列对象和子表外键列对象可以确定一个关联对象。
>
> （3）子表的数据源是通过关联父表的数据行得到的，方法实现如下：
>
> 先用表达式"(Container.DataItem as System.Data.DataRowView).Row"得到父表中的数据行；再由父表中的数据行通过关联得到子表中的数据源。
>
> （4）获得子表中的绑定列不能直接使用<%# Eval("子表列名") %>格式，而应用一对中括号将子表列名包围起来，即使用<%# Eval("[子表列名]") %>格式。
>
> （5）\u3000 字符表示全角空格，微软的 IE 浏览器规定的对半角不予接受，这是一种 HTML 规则，通常用"&npsb;"代替。在本任务中使用"&npsb;"却原样显示，因此只能用\u3000 字符表示全角空格。
>
> （6）如果希望在项模板中显示每个类别对应的商品信息，则用选择项模板替换项模板即可，请读者实践一下。

单元 5

数据源配置与数据更新

本单元要点

- SqlDataSource 数据源建立（增删改）
- OleDbDataSource 数据源建立（增删改）
- GridView 控件模板列的定义
- DataList 控件模板列的定义
- DetailsView 控件模板列的定义
- Repeater 控件模板列的定义（全屏编辑）
- 用 DIV 标签产生滚动区域

本单元大部分页面是建立在单元 4 的基础上，因此将单元 4 对应的网站 chap04 文件夹及其下属文件夹及文件复制一份，并重命名为 char05。为使界面字符等样式一致，在网站根目录建立 CSS 文件夹，建立样式表文件 StyleSheet.css，在本网站的各个页面的<head>节中添加样式表文件的引用。

任务 5-1 使用 GridView 控件实现数据库表记录的修改

需求：

用 GridView 控件修改数据库 HCITPOS1.mdf 中供应商信息数据表 SupplierInfo 中的数据。在任务 4-1 的基础上，增加删除、修改功能。

分析：

数据源采用 SqlDataSource 类型，不仅包含对 SelectCommand 属性的配置，而且还包含对 InsertCommand、DeleteCommand 和 UpdateCommand 属性的配置。

实现：

第一步，新建数据源。打开网站 chap05，在名为 GridView_1.aspx 的页面上从"服务器资源管理器"中拖放数据表"SupplierInfo"。此时，产生了"SqlDataSource2"控件，同时产生了 GridView2，删除 GridView2 和 SqlDataSource1，将 SqlDataSource2 替换为 SqlDataSource1，打开页面源模式，查看代码 SqlDataSource1。

下面列出最简单的删除命令文本 DeleteCommand 及其 DeleteCommand 命令所对应的删除命令参数集 DeleteParameters。

删除命令文本 DeleteCommand 见清单 5-1。

清单 5-1　删除命令文本 DeleteCommand 的定义

```
DeleteCommand="DELETE FROM [SupplierInfo] WHERE [SupplierID] = @SupplierID"
```

删除命令参数集 DeleteParameters 见清单 5-2。

清单 5-2　删除命令参数集 DeleteParameters 的定义

```
<DeleteParameters>
    <asp:Parameter Name="SupplierID" Type="String"/>
</DeleteParameters>
```

第二步，启用删除和更新功能。右击 GridView1 控件，选择"显示智能标记"命令，在弹出的面板中分别选择"启用删除"和"启用更新"，这时会在源代码中添加"<asp:CommandField ShowDeleteButton="True" ShowEditButton="True" ShowSelectButton="True" />"（如果位置不在 Columns 节末尾，可以移动至末尾），在 GridView1 控件上添加图 5-1 所示的 "编辑"和"删除"两个链接按钮。

第三步，测试页面。浏览页面，单击"编辑"按钮，则立即切换到图 5-2 所示的编辑状态。此时，作为数据表主键列是只读，仍以文本形式显示，其他均以文本框控件显示，让用户修改编辑。任意修改其中部分列，分别单击"更新"和"取消"按钮，测试其功能。

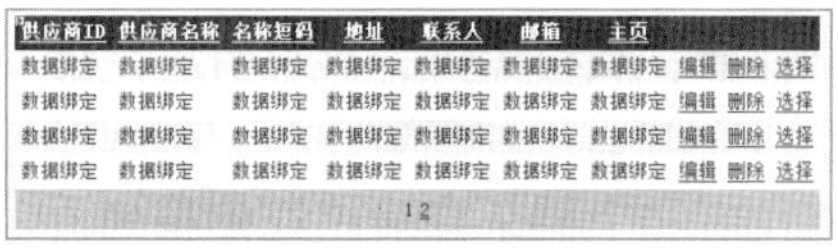

单元5 | 数据源配置与数据更新

图 5-1 "启用删除"和"启用更新"后的 GridView 控件设计界面

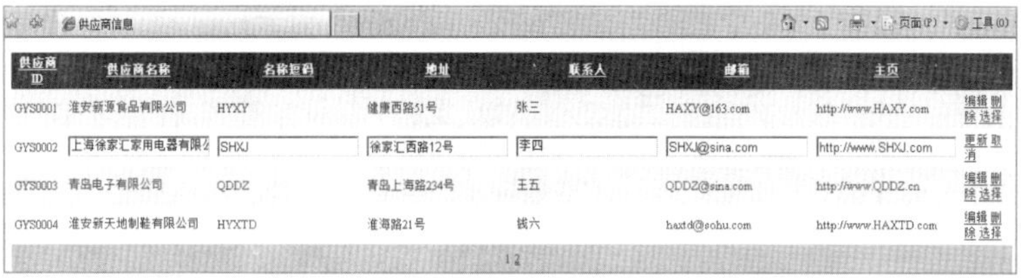

图 5-2 GridView 控件运行时的编辑状态

测试结果表明更新和取消都有效。同样，删除记录操作也是有效的。这说明开发者使用 GridView 控件和 SqlDataSource 控件，不用编写一句代码便能实现数据记录的更新、删除。

> **说明**
>
> （1）在 GridView 控件的"智能标记"面板中没有发现关于插入记录的选项，因此可以添加记录的操作不在 GridView 控件中实现。
>
> （2）如果一定要在 GridView 控件中实现插入功能的话，可将每个编辑列都转化为模板列，然后在模板的页脚模板中加入编辑类控件，添加命令按钮列实现插入。任务 5-2 将解决这个问题。

任务 5-2 使用 GridView 控件实现数据库表记录的插入

需求：

在 GridView 控件的页脚模板中添加可编辑控件和链接按钮用来输入新记录数据信息和发出插入命令，"插入"按钮与"编辑""删除"按钮在同一列，列的标题为"记录操作"，如图 5-3 所示。

图 5-3 具有插入功能的 GridView 控件

分析：

在 GridView 控件的页脚模板中添加可编辑控件和链接按钮必须使用模板列，同时还要使页脚模板可见。实现插入操作可通过设置 SqlDataSource 控件的 InsertParameters 属性并调用 Insert 方法完成。为了更清楚地理解设计过程，这里选择最简单的数据表商品类别 GoodsClass 以简化设计。

实现：

第一步，新建数据源。将原来的 GridView_2.aspx 页面重命名为 GridView_2_0.aspx，新建一个名为 GridView_2.aspx 页面，从"服务器资源管理器"向页面拖入数据表 GoodsClass。

第二步，设置控件样式与页面标题。设置 GridView 控件的"自动套用格式"为"彩色型"，页面标题为"用 GridView 实现记录的增删改"。

第三步，启用编辑和删除功能。启用编辑、启用删除，将"编辑""删除"按钮移动到最右列。

第四步，建立模板列。将已有三个列全部转化成模板列。

按照图 5-4 所示设置三个模板列：设置页脚模板中两个文本框的 ID 分别为"tb_ClassID"和"tb_ClassName"；设置"插入"按钮的 CommandName 为"Insert"，Text 为"插入"；将页眉和页脚的前景色 ForeColor 设为白色 White。

图 5-4 三个模板列的设置

第五步，编写事件处理方法。GridView 的 RowCommand 事件是在单击某行按钮时产生的，其中也包含页脚行的"插入"按钮。按清单 5-3 所示编写 GridView 控件的 RowCommand 事件处理方法。

清单 5-3 GridView 控件的 RowCommand 事件的方法定义

```
protected void GridView1_RowCommand(object sender, GridViewCommandEventArgs e)
{
    if (e.CommandName == "Insert")// e.CommandName 用来识别单击的按钮
    {
        //为 Insert 命令设置命令参数值
        SqlDataSource1.InsertParameters["ClassID"].DefaultValue =
        (GridView1.FooterRow.FindControl("tb_ClassID") as TextBox).Text;
        SqlDataSource1.InsertParameters["ClassName"].DefaultValue =
        (GridView1.FooterRow.FindControl("tb_ClassName") as TextBox).Text;
        //执行 Insert 命令
        SqlDataSource1.Insert();
    }
}
```

第六步，测试页面。浏览页面，测试插入、编辑和删除操作，结果是符合本任务的要求的。

说明

（1）模板列的使用很灵活，作用也很多，对列中文本、标签或控件的选择，列的宽度、列的内容样式设置都很方便。

（2）使用表达式 GridView1.FooterRow 可以访问页脚所在的行，使用表达式 GridView1.FooterRow.FindControl("tb_ClassName")可以访问到指定 ID 的内部控件，但类型是 Control（内部控件是从它继承来的），要按具体控件类先通过 as 运算符进行类型转换再访问其属性或方法。

（3）RowCommand 是单击某行的按钮产生新的请求时引发的事件。GridView 控件还有许多事件，如 RowDataBound 是 GridView 控件任意一行数据绑定后（显示前）引发，每行绑定后都会引发该事件，如果要在数据行上产生光带效果可按清单 5-4 所示编写代码。

清单 5-4　在 GridView 控件数据绑定事件中实现光带效果

```
int row;
protected void GridView1_RowDataBound(object sender, GridViewRowEventArgs e)
{
    if (e.Row.RowType == DataControlRowType.Header)
        row = 0;
    if (e.Row.RowType == DataControlRowType.DataRow)
    {
        e.Row.Attributes.Add("onmouseover",
         "this.style.backgroundColor='#EEEEFF';");
        row++;
        if (row % 2 == 0)
            e.Row.Attributes.Add("onmouseout",
             "this.style.backgroundColor='White';");
        else
            e.Row.Attributes.Add("onmouseout",
             "this.style.backgroundColor='#FFFBD6';");
    }
}
```

任务 5-3　使用 DetailsView 控件实现数据库表记录的增删改

需求：

按图 5-5 所示设计运行界面，用 GridView 控件浏览、删除和选择记录，用 DetailsView 控件显示当前记录，并能实现编辑、删除和新建操作。

分析：

DetailsView 数据绑定控件在不同模式下有浏览、添加、修改与删除等功能，DetailsView 数据绑定控件只能操作一条记录。

图 5-5　用 DetailsView 控件实现数据库表记录的增删改运行界面

实现：

第一步，添加新页面。新建名为 DetailsView_GridView_3.aspx 页面，在此页面添加对样式文件 CSS/StyleSheet.css 的引用。

第二步，添加 GridView1 所需数据源 SqlDataSource1。从"服务器资源管理器"中向 DetailsView_GridView_3.aspx 页面拖入数据表 Right，产生 GridView1 数据绑定控件和数据源控件 SqlDataSource1。

第三步，启用选择功能。通过 GridView1 数据绑定控件的"显示智能标记"弹出菜单，"启用选择内容"并将"选择"按钮放在最右边。

第四步，添加 DetailsView1 所需数据源 SqlDataSource2。复制数据源控件 SqlDataSource1，使用默认的 SqlDataSource2，在 SelectCommand 中添加"WHERE　[RightID] = @RightID"子句，并为此添加清单 5-5 所示的 SelectParameters 设置，以实现通过 GridView1 控件选择 DetailsView1 中的显示记录。

清单 5-5　用控件向参数集 SelectParameters 提供参数

```
<SelectParameters>
    <asp:ControlParameter ControlID="GridView1" Name="RightID"
PropertyName="SelectedValue" Type="String" />
</SelectParameters>
```

第五步，添加 DetailsView 控件，设置属性实现添加、更新和删除功能。添加 DetailsView 数据绑定控件 DetailsView1，设置其数据源为 SqlDataSource2，自动套用格式为"彩色型"。通过属性窗口或源代码设置数据绑定控件 DetailsView1 的属性，以实现添加、更新和删除功能，代码如清单 5-6 所示。

清单 5-6　允许添加、更新和删除的属性设置

```
AutoGenerateDeleteButton="True"
AutoGenerateEditButton="True"
AutoGenerateInsertButton="True"
```

第六步，添加 DetailsView1 事件处理方法。为使数据绑定控件 DetailsView1 在更新、插入和删除后能立即更新 GridView1 中的数据，添加清单 5-7 所示的 DetailsView1 的事件处理方法。

清单 5-7　DetailsView 控件中记录更新、插入和删除后刷新 GridView 控件中数据的显示

```
//更新后事件处理方法
protected void DetailsView1_ItemUpdated(object sender,
DetailsViewUpdatedEventArgs e)
{
    GridView1.DataBind();
}
//删除后事件处理方法
protected void DetailsView1_ItemDeleted(object sender,
DetailsViewDeletedEventArgs e)
{
    GridView1.DataBind();
}
//插入后事件处理方法
protected void DetailsView1_ItemInserted(object sender,
DetailsViewInsertedEventArgs e)
{
    GridView1.DataBind();
}
```

第七步，为空表添加新记录。浏览页面，发现如果数据表中没有记录，则无法在 GridView 中显示记录，也就无法实现本任务的任何功能。因此，在页面加载事件中按清单 5-8 所示编写代码，通过 SqlDataSource1 添加一条新记录，然后再通过 DetailsView1 进行更新。

清单 5-8　空表时的记录插入

```
protected void Page_Load(object sender, EventArgs e)
{
    if (!IsPostBack)
    {
        if (GridView1.Rows.Count==0)
        {
```

```
            SqlDataSource1.InsertParameters["RightID"].DefaultValue =
            "新 RightID";
            SqlDataSource1.InsertParameters["RightName"].DefaultValue =
            "新 RightName";
            SqlDataSource1.Insert();
        }
    }
}
```

> **说明**
> （1）如果数据表中一条记录的字段较多，GridView 宽度受页面宽度影响，不能有效美化显示页面，此时使用数据绑定控件 DetailsView 比较合适。
> （2）添加记录时使用 GridView 控件不太方便，而使用 DetailsView 则很方便。
> （3）步骤六中如果将 SqlDataSource1 改为 SqlDataSource2，虽然也能实现插入功能，但应通过语句"GridView1.DataBind()"更新 GridView 控件的数据源。

任务 5-4　使用 DropDownList 控件实现 GridView 中数据输入

需求：

按图 5-6 所示设计运行界面，在 GridView 数据绑定控件编辑状态下用事先提供的数据列表选择某个数据选项，实现数据项的选择输入。

图 5-6　使用 DropDownList 控件实现 GridView 中数据输入的运行界面

分析：

使用列表类控件 DropDownList 可完成这一操作，DropDownList 控件的高度属性 height 固定，很适合放置在 GridView 数据绑定控件模板列中。DropDownList 控件可同时实现数据文本的显示和数据值的选择。

实现：

第一步，新建页面。新建名为 GridView_4.aspx 的页面，在此页面添加对样式文件 CSS/StyleSheet.css 的引用。

第二步，产生数据源。从"服务器资源管理器"中向新页面中拖入数据表 UserInfo，产生 GridView1 数据绑定控件和数据源控件 SqlDataSource1。

第三步，启用选择、编辑和删除功能。通过 GridView1 数据绑定控件的"显示智能标记"弹出菜单，选择"启用选择内容"、"启用编辑"和"启用删除"命令并将这些按钮放在最右边。

第四步，建立"权限"模板列。通过 GridView1 数据绑定控件的"显示智能标记"弹出菜单选择"编辑列"命令，按图 5-7 所示的"字段"对话框，将 RightID 列转换为模板字段（Template Field），并将列标题改为"权限"。

第五步，编辑"权限"模板列。在编辑项模板 EditItemTemplate 中将原来的文本框 TextBox 控件换成 DropDownList 控件。

第六步，设置 DropDownList 控件数据源。为编辑项模板 EditItemTemplate 中的 DropDownList 控件选择数据源（其实是新建数据源），数据源的 ID 属性为 SqlDataSource1，如图 5-8 所示。它的 SelectCommand 属性为"SELECT * FROM [Right]"，将 SqlDataSource1 放在第 4 列编辑项模板中（当然在不发生命名冲突时，也可以放在其他位置）。

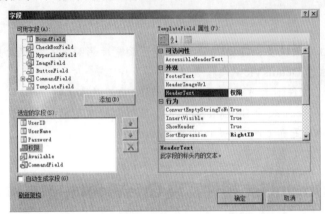
图 5-7 将权限字段设置为模板字段

图 5-8 权限字段编辑项模板 EditItemTemplate 的控件

第七步，设置 DropDownList 控件的数据绑定。设置编辑项模板 EditItemTemplate 中的 DropDownList 控件的 DataTextField 为 RightName，DataValueField 为 RighID，并按图 5-9 所示选择 DropDownList1 可绑定属性 SelectedValue，根据该列存储的值的类型设置其自定义绑定表达式为 Bind ("RightID")。这是双向绑定，既可读出也可写入，而不是 Eval ("RightID")，它只能读出。至此产生的"权限"字段各模板的设置见清单 5-9。

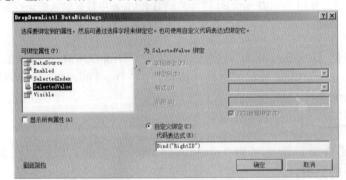
图 5-9 "权限"字段编辑项模板 EditItemTemplate 控件属性的设置

清单 5-9 "权限"字段各模板的设置

```
<asp:TemplateField HeaderText="权限" SortExpression="RightID">
    <EditItemTemplate>
        <asp:DropDownList ID="DropDownList1" runat="server" DataSourceID=
        "SqlDataSource1" DataTextField="RightName"
            DataValueField="RightID" SelectedValue='<%# Bind("RightID") %>'>
        </asp:DropDownList>
```

```
        <asp:SqlDataSource ID="SqlDataSource1" runat="server"
        ConnectionString=
            "<%$ ConnectionStrings:HCITPOS1ConnectionString1 %>"
            SelectCommand="SELECT * FROM [Right]">
        </asp:SqlDataSource>
    </EditItemTemplate>
    <ItemTemplate>
        <asp:Label ID="Label1" runat="server" Text='<%# Bind("RightID") %>'>
        </asp:Label>
    </ItemTemplate>
</asp:TemplateField>
```

第八步,实现项模板中 RightName 列的显示。浏览页面,发现页面的项模板只显示 RightID 列,按照本任务要求应显示与 RightID 相对应的 RightName 列。

解决方法有两种,其中之一是将 SelectCommand 将通过清单 5-10 所示的多表查询语句添加 RightName 列,然后修改项模板列中 Label1 的数据绑定 Text='<%# Eval("RightName")' %>。

清单 5-10 多表查询语句

```
SELECT [UserID], [UserName], [Password], [Right].[RightID], [RightName],
[Available] FROM [UsersInfo],[Right] WHERE [UsersInfo].RightID=[Right].RightID
```

第二种解决方法是在"权限"模板列中,复制编辑项模板 EditItemTemplate 中的 DropDownList1 和 SqlDataSource1 到项模板 ItemTemplate 中,设置项模板 DropDownList1 的可见性属性 Visible 为 False,通过清单 5-11 所示的 GridView1 控件的行绑定事件处理代码,将 DropDownList1 中显示的文本传递到 Label1.Text 中。

清单 5-11 GridView 控件的 RowDataBound 事件中实现权限名 RightName 的显示

```
protected void GridView1_RowDataBound(object sender, GridViewRowEventArgs e)
{
    if (e.Row.RowType == DataControlRowType.DataRow)
    {
        DropDownList ddl=e.Row.Cells[3].FindControl("DropDownList2") as
        DropDownList;
        Label lab=e.Row.Cells[3].FindControl("Label1") as Label;
        lab.Text = ddl.SelectedItem.Text;
    }
}
```

第九步,实现项模板中密码列的屏蔽显示。通过模板列,实现密码列在项模板中只显示 6 个 "*"。

第十步,项模板中 Available 列的汉字显示。实现将 GridView1 中的 Available 列变成模板列,将项模板中原有的 CheckBox 控件替换成 Label 控件,并设置其 Text 的绑定值为 "<%# Eval("Available").ToString()=="True"?"是":"否" %>"。

第十一步,设置列标题文本和列宽。修改 GridView1 其他绑定列 BoundField 的列标题文本 HeaderText 属性为相应中文,绑定列和命令列列宽 ItemStyle-Width 为合适值。

第十二步,测试页面。浏览页面,发现已完成本任务的要求。

> **说明**
> （1）模板列中每个控件的数据绑定属性是有限定的，不能随意指定。
> （2）模板列中控件的数据绑定表达式有 Eval 格式和 Bind 格式，前者是单向只读绑定，即使使用文本框之类的控件也不能实现写功能；后者是双向读写绑定，设置了控件的属性值就能写回到数据库中。

任务 5-5　使用 DetailsView 控件实现数据库表记录的增删改查

需求：

按图 5-10 所示设计运行界面，使用 GridView 控件中的"选择"按钮，选定记录，通过 DetailsView 控件进行增删改操作，删除时弹出确认框。

分析：

本操作应使用两个控件：GridView 控件和 DetailsView 控件，与之相对应的还有两数据源控件。DetailsView 控件所需数据源中必须指定增删改查命令文本，每个命令都有命令参数。

本操作中还使用了另一个数据表来显示权限名称。删除时确认框需要对删除按钮通过模板列进行定制。

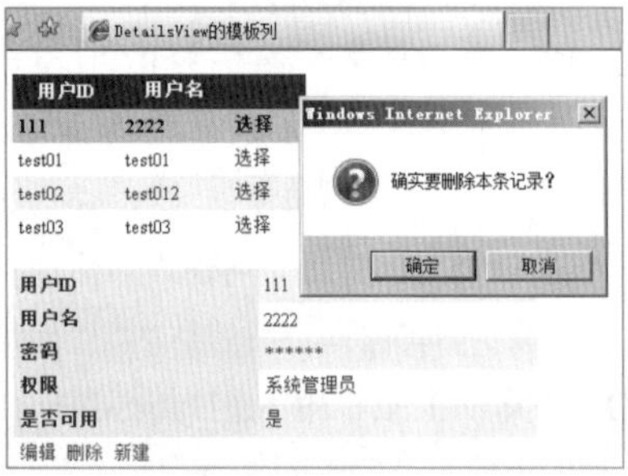

图 5-10　使用 DetailsView 控件实现数据库表记录的增删改查运行界面

实现：

第一步，新建页面。新建名为 GridView_DetailsView_5.aspx 页面，在此页面添加对样式文件 CSS/stylesheet.css 的引用。

第二步，添加 GridView1 所需数据源。从"服务器资源管理器"中向新页面拖入数据表 UserInfo，产生 GridView1 数据绑定控件和数据源控件 SqlDataSource1。

第三步，启用 GridView1 的选择功能。通过 GridView1 数据绑定控件的"显示智能标记"弹出菜单，选择"启用选择内容"命令并将"选择"按钮放在最右边。

第四步，添加 DetailsView1 所需数据源。复制数据源控件 SqlDataSource1，使用默认的 SqlDataSource2，按清单 5-12 所示重新设置 SelectCommand 文本。

清单 5-12　带参数的 Select 查询语句

```
SELECT [UserID], [UserName], [Password], [Right].[RightID], [RightName],
    [Available]
  FROM [UsersInfo],[Right]
WHERE [UsersInfo].RightID=[Right].RightID and [UserID] = @UserID
```

并为此添加清单 5-13 所示的 SelectParameters 设置，实现通过 GridView1 控件的选择按钮实现 DetailsView1 中显示相应记录。

清单 5-13　用控件向 SelectParameters 提供参数

```
<SelectParameters>
<asp:ControlParameter ControlID="GridView1" Name="UserID"
```

```
PropertyName="SelectedValue" Type="String" />
</SelectParameters>
```

第五步，设置 DetailsView 控件的属性。设置添加 DetailsView 数据绑定控件 DetailsView1，设置其数据源为 SqlDataSource2，自动套用格式为"彩色型"。通过属性窗口或源代码设置数据绑定控件 DetailsView1 的属性，以实现添加、更新和删除功能，代码见清单 5-14。

清单 5-14 允许添加、更新和删除的属性设置

```
AutoGenerateDeleteButton="True"
AutoGenerateEditButton="True"
AutoGenerateInsertButton="True"
```

图 5-11 模板字段转换

第六步，DetailsView 控件中模板列的建立。按图 5-11 所示将部分列转换为模板列并设置头文本。

其中，密码（Password 列）模板列定义见清单 5-15。

清单 5-15 Password 模板列的定义

```
<asp:TemplateField HeaderText="密码" SortExpression="Password">
    <EditItemTemplate>
        <asp:TextBox ID="TextBox1" runat="server"
        Text='<%# Bind("Password") %>'></asp:TextBox>
    </EditItemTemplate>
    <ItemTemplate>
        <asp:Label ID="Label1" runat="server" Text="******"></asp:Label>
    </ItemTemplate>
    <InsertItemTemplate>
        <asp:TextBox ID="TextBox1" runat="server"
        Text='<%# Bind("Password") %>'></asp:TextBox>
    </InsertItemTemplate>
</asp:TemplateField>
```

权限（RightID 列）模板列定义见清单 5-16。

清单 5-16 RightID 模板列定义

```
<asp:TemplateField HeaderText="权限" >
    <EditItemTemplate>
        <asp:DropDownList ID="DropDownList1" runat="server"
        DataSourceID="SqlDataSource1"
            DataTextField="RightName" DataValueField="RightID"
        SelectedValue='<%# Bind("RightID") %>'>
        </asp:DropDownList>
        <asp:SqlDataSource ID="SqlDataSource1" runat="server"
        ConnectionString=
        "<%$ ConnectionStrings:HCITPOS1ConnectionString1 %>"
            SelectCommand="SELECT * FROM [Right]"></asp:SqlDataSource>
    </EditItemTemplate>
    <InsertItemTemplate>
        <asp:DropDownList ID="DropDownList1" runat="server"
        DataSourceID="SqlDataSource1"
            DataTextField="RightName" DataValueField="RightID"
```

```
        SelectedValue='<%# Bind("RightID") %>'>
        </asp:DropDownList>
        <asp:SqlDataSource ID="SqlDataSource1" runat="server"
ConnectionString=
            "<%$ ConnectionStrings:HCITPOS1ConnectionString1 %>"
            SelectCommand="SELECT * FROM [Right]"></asp:SqlDataSource>
    </InsertItemTemplate>
    <ItemTemplate>
        <asp:Label ID="RightName" runat="server"
        Text='<%# Bind("RightName") %>'></asp:Label>
    </ItemTemplate>
</asp:TemplateField>
```

是否可用（Available 列）模板列定义见清单 5-17。

清单 5-17　Available 模板列的定义

```
<asp:TemplateField HeaderText="是否可用" >
    <EditItemTemplate>
        <asp:CheckBox ID="CheckBox1" runat="server"
        Checked='<%# Bind("Available") %>' />
    </EditItemTemplate>
    <ItemTemplate>
        <asp:Label ID="Available" runat="server"
        Text='<%# Eval("Available").ToString()=="True"?"是":"否" %>'>
        </asp:Label>
    </ItemTemplate>
    <InsertItemTemplate>
        <asp:CheckBox ID="CheckBox1" runat="server"
        Checked='<%# Bind("Available") %>' />
    </InsertItemTemplate>
</asp:TemplateField>
```

选择操作模板列定义见清单 5-18。

清单 5-18　选择操作模板列的定义

```
<asp:TemplateField ShowHeader="False" HeaderText="选择操作">
    <InsertItemTemplate>
        <asp:LinkButton ID="LinkButton1" runat="server" CausesValidation="True"
        CommandName="Insert"
        Text="插入"></asp:LinkButton>
        <asp:LinkButton ID="LinkButton2" runat="server" CausesValidation="False"
        CommandName="Cancel"
            Text="取消"></asp:LinkButton>
    </InsertItemTemplate>
    <EditItemTemplate>
        <asp:LinkButton ID="LinkButton1" runat="server"
        CausesValidation="True" CommandName="Update"
            Text="更新"></asp:LinkButton>
        <asp:LinkButton ID="LinkButton2" runat="server"
        CausesValidation="False" CommandName="Cancel"
            Text="取消"></asp:LinkButton>
```

```
        </EditItemTemplate>
        <ItemTemplate>
            <asp:LinkButton ID="LinkButton3" runat="server" CausesValidation="False"
            CommandName="Edit"
                Text="编辑"></asp:LinkButton>
            <asp:LinkButton ID="LinkButton1" runat="server" CausesValidation="False"
                CommandName="Delete"
                OnClientClick="return confirm('确实要删除本条记录？','请确认');"
            Text="删除" ></asp:LinkButton>
            <asp:LinkButton ID="LinkButton2" runat="server" CausesValidation="False"
                CommandName="New"
                Text="新建"></asp:LinkButton>
        </ItemTemplate>
</asp:TemplateField>
```

第七步，添加 DetailsView1 的事件处理方法。为使数据绑定控件 DetailsView1 在更新、插入和删除后能立即更新 GridView1 中的数据，按清单 5-19 所示添加 DetailsView1 的事件处理方法。

清单 5-19　DetailsView 控件更新、插入和删除记录后刷新 GridView 控件的数据显示

```
//更新后事件处理方法
protected void DetailsView1_ItemUpdated(object sender,
DetailsViewUpdatedEventArgs e)
{
    GridView1.DataBind();
}
//删除后事件处理方法
protected void DetailsView1_ItemDeleted(object sender,
DetailsViewDeletedEventArgs e)
{
    GridView1.DataBind();
}
//插入后事件处理方法
protected void DetailsView1_ItemInserted(object sender,
DetailsViewInsertedEventArgs e)
{
    GridView1.DataBind();}
```

第八步，添加空表时处理代码。浏览页面，如果数据表中没有记录，则无法实现本任务功能。因此，在页面加载事件中编写清单 5-20 所示代码，通过 SqlDataSource1 添加一条新记录，然后再通过 DetailsView1 进行更新。

清单 5-20　空表时插入记录

```
protected void Page_Load(object sender, EventArgs e)
{
    if (!IsPostBack)
    {
        if (GridView1.Rows.Count==0)
        {
```

```
                SqlDataSource1.InsertParameters["UserID"].DefaultValue = "新UserID ";
                SqlDataSource1.InsertParameters["UserName"].DefaultValue = "新UserName";
                SqlDataSource1.InsertParameters["Password"].DefaultValue = "新Password ";
                SqlDataSource1.InsertParameters["RightID"].DefaultValue = "1";
                SqlDataSource1.InsertParameters["Available"].DefaultValue = "True";
                SqlDataSource1.Insert();
            }
        }
    }
```

第九步,测试页面。浏览页面,分别测试 GridView 控件的"选择"按钮和 DetailsView 中的"编辑"按钮、"删除"按钮和"新建"按钮。至此,本任务已经完成。

> **说明**
> (1) DetailsView 控件中尽管也有"删除"按钮,但为了使"删除"按钮单击后有"确认框",必须将它转换为模板列,然后在模板列中设置其 OnClientClick 属性。
> (2) 为了使"编辑"按钮、"新建"按钮和"删除"按钮在同一行,必须将它们并列排放在模板列中。
> (3) DetailsView 控件中的"编辑"按钮、"删除"按钮和"新建"按钮的命令名 CommandName 必须保证设置正确,否则将不能自动调用数据源中相关的命令。

任务 5-6 使用 DataList 控件实现数据表记录的增删改查

需求:

按图 5-12 所示设计运行界面,使用 DataList 控件进行增删改查操作。单击任何记录的"编辑"按钮均能显示该记录的编辑界面,"删除"操作具有"确认框"。

图 5-12 使用 DataList 控件实现数据表记录的增删改查运行界面

分析:

DataList 控件具有编辑项模板 EditItemTemplator,创建并使用它可以进行记录的编辑。页面在数据绑定后,总是将第一条记录显示在最上方,这样,当记录较多时单击下面记录"编辑"按钮,就不能显示该记录的编辑界面。解决办法是控件数据行绑定时在编辑项模板中建立用于定位的"锚点",用本页面内超链接使页面滚动到"锚点"处,出现编辑界面为止(除最后几条记录外,其他记录的编辑界面出现在页面的最上方)。

DataList 控件不像 DetailsView 控件具有插入项模板,因此插入界面需开发者自己设计。

实现:

第一步,新建页面。新建名为 DataList_6.aspx 的页面,设置标题为"使用 DataList 控件实现增删改查"。并在页面中加入数据列表控件 DataList,保持 ID 为默认的 DataList1。设置 DataList 自动套用格式为"彩色型",并设置适当的列宽。

第二步,设置数据源。复制 5-5 中的 SqlDataSource1 控件到本页面中。设置 DataList1 的数据源为 SqlDataSource1。

第三步,编辑模板。本任务未涉及选择项目模板,使用编辑项模板也能看所选记录的全部字段。项模板的设计界面如图 5-13 所示。

图 5-13　DataList 控件的项模板 ItemTemplate 的设计

项模板的设计代码如清单 5-21 所示。

清单 5-21　DataList 控件项模板的设计

```
<ItemTemplate>
用户ID:<span style="color:Blue;" ><asp:Label ID="lbl_UserID" runat="server"
  Text='<%# Eval("UserID") %>'></asp:Label></span>     
      用户名:<span style="color:Blue;" ><%# Eval("UserName") %> </span>
      
      权限:<span style="color:Blue;" ><%# Eval("RightID") %> </span>
      <br />
<asp:LinkButton ID="LinkButton1" runat="server"
  CommandName="Edit" name='<%# Eval("UserID") %>'
  OnClientClick="window.location.href='#'+this.name;" Width="46px">
  编辑</asp:LinkButton>
<asp:LinkButton ID="LinkButton2" runat="server"
  CommandName="Delete" Width="49px"
  OnClientClick='return confirm("确实要删除本条记录吗?");'>
  删除</asp:LinkButton>
<asp:LinkButton ID="LinkButton3" runat="server"
  CommandName="Insert" Width="52px">
      新建</asp:LinkButton>
</ItemTemplate>
```

因为 DataList 控件没有 DataKeyFields,为标识一条记录,这里用 Label 控件显示了 UserID,而其他部分使用了绑定表达式,并设置了 span 文本前景色。

编辑项模板的设计界面如图 5-14 所示。编辑项模板的设计代码见清单 5-22。

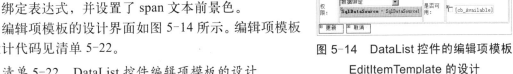

图 5-14　DataList 控件的编辑项模板 EditItemTemplate 的设计

清单 5-22　DataList 控件编辑项模板的设计

```
<EditItemTemplate>
<a name='edit'></a>
```

```
用户 ID：<asp:Label ID="lbl_UserID" runat="server"
    Text='<%# Eval("UserID") %>'></asp:Label>   
    <table style=" width: 471px;">
        <tr>
            <td style="width: 79px">
                用户名：</td>
            <td style="width: 194px">
                <asp:TextBox ID="tb_UserName" runat="server"
                Text='<%# Eval("UserName") %>'></asp:TextBox></td>
            <td style="width: 98px">
                密码：</td>
            <td>
                <asp:TextBox ID="tb_Password" runat="server"
                Text='<%# Eval("Password") %>'></asp:TextBox></td>
        </tr>
        <tr>
            <td style="width: 79px">
                权 限：</td>
            <td style="width: 194px">
                <asp:DropDownList ID="ddl_RightID" runat="server" Width="147px"
                DataSourceID="SqlDataSource1" DataTextField="RightName"
                DataValueField="RightID"
                SelectedValue='<%# Eval("RightID") %>'>
                </asp:DropDownList>
    <asp:SqlDataSource ID="SqlDataSource1" runat="server"
        ConnectionString=
            "<%$ ConnectionStrings:HCITPOS1ConnectionString1 %>"
            SelectCommand=
            "SELECT [RightName], [RightID] FROM [Right]">
    </asp:SqlDataSource>
            </td>
            <td style="width: 98px">
                是否可用：</td>
            <td>
                <asp:CheckBox ID="cb_Available" runat="server"
                Checked='<%# Eval("Available") %>' /></td>
        </tr>
    </table>
<asp:Button ID="btn_Update" runat="server" CommandName="Update"
    Text="更新" Width="60px" />
    <asp:Button ID="btn_Cancel" runat="server" Text="取消" Width="60px" />
</EditItemTemplate>
```

第四步，编辑项记录定位。在 DataList 控件的项数据绑定事件 ItemDataBound 中实现编辑项记录定位界面定位，为此，编写清单 5-23 所示的事件代码。

清单 5-23 实现 DataList 控件编辑记录的显示定位

```
//DataList1 的项数据绑定事件
protected void DataList1_ItemDataBound(object sender, DataListItem EventArgs e)
```

```
{
    if (e.Item.ItemType == ListItemType.EditItem)
    {
        this.RegisterStartupScript("",
        "<script>window.location.href='#edit';</script>");
    }
}
```

第五步，实现 DataList 控件的编辑删除功能。为实现 DataList 控件的更新、删除、取消、编辑，编写见清单 5-24 所示的事件代码。

清单 5-24 DataList 控件的更新、删除、取消、编辑事件的方法定义

```
//DataList1 编辑事件
protected void DataList1_EditCommand(object source, DataListCommandEventArgs e)
{
    DataList1.EditItemIndex = e.Item.ItemIndex;
    DataList1.DataBind();
}

//DataList1 删除事件
protected void DataList1_DeleteCommand(object source, DataListCommandEventArgs e)
{
SqlDataSource1.DeleteParameters["UserID"].DefaultValue =
    (e.Item.FindControl("lbl_UserID") as Label).Text;
    SqlDataSource1.Delete();
    DataList1.DataBind();
}
//DataList1 更新事件
protected void DataList1_UpdateCommand(object source, DataListCommandEventArgs e)
{
    ParameterCollection ps = SqlDataSource1.UpdateParameters;

ps["UserID"].DefaultValue =
    (e.Item.FindControl("lbl_UserID") as Label).Text;
ps["UserName"].DefaultValue =
    (e.Item.FindControl("tb_UserName") as TextBox).Text;
ps["Password"].DefaultValue =
    (e.Item.FindControl("tb_Password") as TextBox).Text;
ps["RightID"].DefaultValue =
    (e.Item.FindControl("ddl_RightID") as DropDownList).Text;
ps["Available"].DefaultValue =
    (e.Item.FindControl("cb_Available") as CheckBox).Checked.ToString();
    SqlDataSource1.Update();
    DataList1.EditItemIndex = -1;
    DataList1.DataBind();
}
//DataList1 取消事件
```

```
protected void DataList1_CancelCommand(object source, DataListCommand
EventArgs e)
{
    DataList1.EditItemIndex = -1;
    DataList1.DataBind();
}
```

第六步，建立插入界面。添加一个 panel 控件作插入界面元素的容器，控制它们是否显示。在 panel 控件添加图 5-15 所示的界面元素。

因界面元素与编辑项模板中界面元素大致相同，可以用复制的方法节省设计的时间。其设计代码见清单 5-25。

图 5-15　插入界面的设计

清单 5-25　记录插入界面的设计

```
<asp:Panel ID="Panel1" runat="server" BorderColor="#FFFFC0" Width="516px"
Visible="False">
    <table style="width: 471px;">
        <tr>
            <td>
                用户 ID：</td>
            <td colspan="3">
                <asp:TextBox ID="tb_UserID" runat="server"></asp:TextBox></td>
        </tr>
        <tr>
            <td style="width: 79px">
                用户名：</td>
            <td style="width: 194px">
                <asp:TextBox ID="tb_UserName" runat="server"
                Text=''></asp:TextBox></td>
            <td style="width: 98px">
                密码：</td>
            <td style="width: 142px">
                <asp:TextBox ID="tb_Password" runat="server"
                Text=''></asp:TextBox></td>
        </tr>
        <tr>
            <td style="width: 79px">
                权限：</td>
            <td style="width: 194px">
                <asp:DropDownList ID="ddl_RightID" runat="server"
                Width="147px" DataSourceID="SqlDataSource2"
                    DataTextField="RightName" DataValueField="RightID">
                </asp:DropDownList>
                <asp:SqlDataSource ID="SqlDataSource2" runat="server"
                    ConnectionString=
                    "<%$ ConnectionStrings:HCITPOS1ConnectionString1 %>"
                    SelectCommand="SELECT [RightName], [RightID] FROM [Right]">
                </asp:SqlDataSource>
            </td>
```

```
            <td style="width: 98px">
                是否可用：</td>
            <td style="width: 142px">
                <asp:CheckBox ID="cb_Available" runat="server" Checked='False' />
    </td>
    </tr>
</table>
<asp:Button ID="btn_Insert" runat="server" Text="插入" Width="64px"
    OnClick="btn_Insert_Click" /> 
<asp:Button ID="btn_Cancel" runat="server" Text="取消" Width="77px"
    OnClick="btn_Cancel_Click" />
</asp:Panel>
```

第七步，实现插入功能。为 DataList 控件中名为"Insert"的按钮添加清单 5-26 所示的单击事件方法以打开插入界面。

清单 5-26　DataList 控件中记录插入的实现

```
//DataList1 其他事件
protected void DataList1_ItemCommand(object source, DataListCommandEventArgs e)
{
    if (e.CommandName == "Insert")
    {
        Panel1.Visible = true;
    }
}
```

为插入界面中的"插入"按钮和"取消"按钮编写清单 5-27 所示的单击事件方法。

清单 5-27　插入界面中的"插入"按钮和"取消"按钮单击事件的方法定义

```
//插入界面中的取消事件
protected void btn_Cancel_Click(object sender, EventArgs e)
{
    Panel1.Visible = false;
}

//插入界面中的插入事件
protected void btn_Insert_Click(object sender, EventArgs e)
{
    ParameterCollection ps = SqlDataSource1.InsertParameters;
    //将插入界面中元素值赋给相应的参数
    ps["UserID"].DefaultValue = tb_UserID.Text;
    ps["UserName"].DefaultValue = tb_UserName.Text;
    ps["Password"].DefaultValue = tb_Password.Text;
    ps["RightID"].DefaultValue = ddl_RightID.Text;
    ps["Available"].DefaultValue = cb_Available.Checked.ToString();
    SqlDataSource1.Insert();
    //将插入界面中元素值复位
    tb_UserID.Text = "";
    tb_UserName.Text ="" ;
    tb_Password.Text ="" ;
    ddl_RightID.SelectedIndex = 0;
```

```
        cb_Available.Checked =false ;
        //退出插入界面
        DataList1.EditItemIndex = -1;
        DataList1.DataBind();
        Panel1.Visible = false;
    }
```

第八步,测试页面。浏览页面,测试其插入、删除和修改功能。结果证明符合本任务要求。

> **说明**
>
> 在编辑项模板中增加了用于定位的超链接(命名锚点)<a name='edit'></a>,因为编辑项只能出现一项,不存在同名现象。
>
> 页面定位是通过修改页面导航属性语句来实现的,语句格式为 window.location.href='#锚点名称'。
>
> DataList 等列表类控件的行或项都有数据绑定事件,发生在列表类控件数据显示之前,结合 JavaScript 脚本利用这一事件可以实现许多希望客户端完成的操作。光带效果也是其中一例。

任务 5-7　实现 GridView 控件中记录的滚动

需求:

按图 5-16 所示设计运行界面,对任务 5-4 进行改进,给 GridView 控件添加滚动条,滚动时标题行固定不动,单击"编辑"按钮时,编辑项立即出现在可见区域。

图 5-16　实现 GridView 控件中记录滚动的运行界面

分析:

利用 DIV 标签做容器,设置其样式属性 overflow 属性值为 auto,在 GridView 控件记录较多超出其容器显示范围时,出现滚动条,从而实现给 GridView 控件添加滚动条的目的。让编辑项立即显示出现在可见区域的方法与任务 5-6 相似。

实现:

第一步,新建页面。新建文件夹 07,复制任务 5-4 的页面 GridView_4.aspx 到 07 文件夹中,并将其重命名为 GridView_7.aspx,页面标题设置为"带滚动条的 GridView"。添加属性设置 ShowHeader="false",使 GridView1 的标题行不显示。

第二步,建立标题行。建立固定的标题行所在的 DIV 容器,其背景色等部分属性与原 GridView 标题行相同,具体见清单 5-28。

清单 5-28　固定的标题行 DIV 容器层的设计

```
<div style="background-color: #990000; font-weight: bold; color: White;
width: 747px;">
<div>
```

按清单 5-29 所示在标题行 DIV 容器中添加各标题。

清单 5-29　固定的标题行各标题的设计

```
<div style="width: 116px; float: left;">
    用户 ID</div>
<div style="width: 116px; float: left;">
    用户名</div>
<div style="width: 116px; float: left;">
    密码</div>
<div style="width: 116px; float: left;">
    权限</div>
<div style="width: 116px; float: left;">
    是否可用</div>
<div style="width: 116px;">
    选择操作</div>
```

第三步，建立记录容器。建立 GridView 控件所在的 DIV 容器，按清单 5-30 所示设置其样式属性溢出属性、宽度属性和高度属性的属性值。

清单 5-30　GridView 控件 DIV 容器层的设计

```
<div style="overflow: auto; width: 747px; height: 144px;">
```

第四步，建立 GridView 控件的模板列。为控制 GridView 控件中"用户名"列的各模板下的宽度，将该列转换成模板列（因为用户 ID 列是主键列，所有模板中都使用了 Label 控件显示数据，不必转换成模板列）。"用户名"模板列代码见清单 5-31。

清单 5-31　GridView 控件用户模板列的定义

```
<asp:TemplateField HeaderText="用户名" SortExpression="UserName">
    <ItemStyle Width="100px" />
    <EditItemTemplate>
        <asp:TextBox ID="tb_UserName" runat="server"
        Text='<%# Bind("UserName") %>' Width="100px">
        </asp:TextBox>
    </EditItemTemplate>
    <ItemTemplate>
        <asp:Label ID="lbl_UserName" runat="server"
        Text='<%# Eval("UserName") %>' Width="100px">
        </asp:Label>
    </ItemTemplate>
</asp:TemplateField>
```

第五步，定义定位锚点。在 GridView 控件的"用户名"模板列的编辑项中添加用于定位的命名锚点，代码见清单 5-32。

清单 5-32　命名锚点的定义

```
<a name="edit"></a>
```

第六步，编写用于定位的行数据绑定事件方法。其代码见清单5-33。

清单5-33 在GridView控件的_RowDataBound事件中实现编辑行的显示定位

```
protected void GridView1_RowDataBound(object sender, GridViewRowEventArgs e)
{
    if (e.Row.RowType == DataControlRowType.DataRow)
    {
        DropDownList ddl = e.Row.Cells[3].FindControl("DropDownList2") as DropDownList;
        Label lab = e.Row.Cells[3].FindControl("Label1") as Label;
        if (lab != null)
        {
            lab.Text = ddl.SelectedItem.Text;
            this.RegisterStartupScript("",
            "<script>window.location.href='#edit';</script>");
        }
    }
}
```

第七步，测试页面。浏览页面 GridView_7.aspx，测试本任务功能，发现至此已满足本任务的要求。

> **说明**
>
> （1）这里假定每列宽度为 100 px，但 GridView 控件中实际每列之间是有间隙的，尝试后发现间隙值大致为 16 px，所以标题列的宽度为 116 px。
>
> （2）GridView 控件 DIV 容器的高度与 GridView 所显示的记录行数、table 样式设置及记录行的高度有关，这里设 GridView 所显示的记录行数为 6，尝试后发现将 GridView 控件 DIV 容器的高度 height 设置为 144px(6*16)较合适。
>
> （3）在行数据绑定事件中，判断 GridView 控件的某行是否处于编辑项状态，采用的方法是查找该行是否存在编辑项模板中所特有的控件，由此实现编辑项显示的定位。

任务 5-8 使用 Repeater 控件实现数据库表记录的全屏操作

需求：

按图 5-17 所示设计运行界面，使用对象数据源对数据表进行全屏的增删改查操作。

图 5-17 使用 Repeater 控件实现数据库表记录的全屏操作

分析:

对象数据源中应定义数据表增删改查操作所对应的方法。

实现:

第一步,新建页面。新建文件夹 08,添加名为 Repeater_8.aspx,设置页面的标题为"使用 Repeater 进行全表的增删改操作"。

第二步,设置数据源。将任务 5-7 中的 SqlDataSource1 控件复制到本页面中。添加 Repeater 控件,设置其数据源 ID 为 SqlDataSource1。

第三步,全屏操作行的设计。全屏操作中涉及四种类型的行,即标题行(页眉行)、更新删除行(数据行)、插入行和操作确认行(页脚行)。为此,添加<table>标记,设置它们的模板,其设计界面如图 5-18 所示。

图 5-18 全屏记录操作中四种行的设计

其代码见清单 5-34。

清单 5-34 全屏记录操作中四种行的设计

```
<table cellpadding="2px" cellspacing="1px" style="width: 703px; height: 60px;
background-color: #444">
<-- 页眉行-->
<tr style="background-color: #990000; font-weight: bold; color: White;
    border: 1px #444 solid">
    <td style="width: 98px">
        用户 ID</td>
    <td style="width: 97px">
        用户名</td>
    <td style="width: 91px">
        密码</td>
    <td style="width: 94px">
        权限</td>
    <td style="width: 67px">
        是否可用</td>
    <td style="width: 160px">
        其他列</td>
</tr>
<-- 数据行-->
    <tr style="background-color: #F8F8F8; border: 1px #444 solid">
        <td style="width: 98px; height: 14px;">
            <asp:Label ID="Label1" runat="server" Text='<%# Eval("UserId") %>'>
        </asp:Label></td>
        <td style="width: 97px; height: 14px;">
            <asp:TextBox ID="txt_UserName" runat="server" Width="102px"
            Text='<%# Eval("UserName") %>'>
```

```aspx
                </asp:TextBox></td>
            <td style="width: 91px; height: 14px;">
                <asp:TextBox ID="txt_Password" runat="server" Width="95px"
                Text='<%# Eval("Password") %>'>
                </asp:TextBox></td>
            <td style="width: 94px; height: 14px;">
                <asp:DropDownList ID="ddl_RightName" runat="server"
                DataSourceID="SqlDataSource2"
                    DataTextField="RightName" DataValueField="RightID"
                SelectedValue='<%# Eval("RightID") %>'>
                </asp:DropDownList></td>
            <td style="width: 67px; height: 14px;">
                <asp:CheckBox ID="chk_Available" runat="server"
                Checked='<%# Bind("Available") %>' />
                <asp:Label ID="Label2" runat="server" Text=""></asp:Label></td>
    <td style="width: 160px; height: 14px;">
                <asp:CheckBox ID="CheckBox2" runat="server" Text='将删除' />
                <asp:CheckBox ID="CheckBox3" runat="server" />
                <asp:Label ID="Label3" runat="server" Text=''></asp:Label>
        </td>
</tr>
<-- 记录插入行-->
    <tr style="background-color: #F8F8F8; border: 1px #444 solid">
        <td style="width: 98px; height: 14px;">
            <asp:TextBox ID="txt_NewUserID" runat="server" Width="102px" Text=''>
            </asp:TextBox></td>
        <td style="width: 97px; height: 14px">
            <asp:TextBox ID="txt_NewUserName" runat="server" Width="102px" Text=''>
            </asp:TextBox></td>
        <td style="width: 91px; height: 14px;">
            <asp:TextBox ID="txt_NewUserPassword" runat="server" Width="95px"
                Text=''>
            </asp:TextBox></td>
        <td style="width: 94px; height: 14px;">
            <asp:DropDownList ID="ddl_NewRightID" DataSourceID="SqlDataSource2"
            runat="server" Width="122px" AppendDataBoundItems="true"
                DataTextField="RightName" DataValueField="RightID">
                    <asp:ListItem Text="==请选择==" Value="0"></asp:ListItem>
            </asp:DropDownList></td>
        <td style="width: 67px; height: 14px;">
            <asp:CheckBox ID="chk_NewAvailableID" runat="server" Checked=
                'false' />
            <asp:Label ID="Label4" runat="server" Text='否'></asp:Label>
        </td>
        <td style="width: 160px; height: 14px;">
            <asp:LinkButton ID="LinkButton2" CommandName="Insert" runat=
                "server">
                插入</asp:LinkButton></td>
</tr>
<-- 删除更新确认行-->
```

```
        <tr>
            <td colspan="4" style="background-color: #990000; font-weight: bold;
            color: White;border: 0px #444 solid; text-align: left;">
                操作提示:使用"Alt+光标键"移动焦点到周围控件中</td>
            <td colspan="2" style="background-color: #990000; font-weight: bold;
            color: White; border: 0px #444 solid; text-align: right;">
                <asp:LinkButton ID="LinkButton1" runat="server" ForeColor="white"
                CommandName="Submit">
                确认删除更新</asp:LinkButton></td>
        </tr>
</table>
```

第四步,设计 Repeater 控件模板。切换到源模式,按清单 5-35 所示在 Repeater 控件中添加页眉模板、项模板和页脚模板。

清单 5-35 Repeater 控件模板结构

```
<asp:Repeater ID="Repeater1" runat="server" DataSourceID="SqlDataSource1">
    <HeaderTemplate>
    </HeaderTemplate>
    <ItemTemplate>
    </ItemTemplate>
    <FooterTemplate>
    </FooterTemplate>
</asp:Repeater>
```

将第三步中产生的表格从上到下放入清单 5-35 对应的模板中,具体如表 5-1 所示,并得到图 5-19 所示的设计界面。

表 5-1 模板与 table 的对应关系

模 板 部 分	table 部分
页眉模板 HeaderTemplate	\<table\> \<tr\>页眉行\</tr\>
项模板 ItemTemplate	\<tr\>数据行\</tr\>
页脚模板 FooterTemplate	\<tr\>记录插入行\</tr\> \<tr\>删除更新确认行\</tr\> \</table\>

图 5-19 将<table>标签转换为 Repeater 控件的模板

第五步,编写 Repeater 控件行数据绑定事件处理方法。
在页面类中添加保护级别的字段变量 rows 来保存 Repeater 控件的总行数,并设初值为 0。按清单 5-36 所示代码在页面中添加隐藏域标签用来保存 rows。

清单 5-36 保存 rows 的隐藏域标签设计

```
<input id="Hidden1" type="hidden" value="<%= rows %>" />
```

为 Repeater 控件数据行中各控件的指定客户端事件处理函数,代码见清单 5-37。

清单 5-37 Repeater 控件行数据绑定事件 ItemDataBound 的方法定义

```
protected void Repeater1_ItemDataBound(object sender, RepeaterItemEventArgs e)
{
    //表格行位于项模板时
    if (e.Item.ItemType == ListItemType.Item ||
        e.Item.ItemType == ListItemType.AlternatingItem)
    {
        rows++;//累计表格行数
        //设置 txt_UserName 的客户端事件
        (e.Item.FindControl("txt_UserName") as TextBox).
        Attributes.Add("onkeyup","txt_UserName_onkeyup(" + rows + ");");
        (e.Item.FindControl("txt_UserName") as TextBox).
        Attributes.Add("onfocus", "onfocus1(this)");
        (e.Item.FindControl("txt_UserName") as TextBox).
        Attributes.Add("onblur","onblur1(this)");
        (e.Item.FindControl("txt_UserName") as TextBox).
        Attributes.Add("onchange","onchange1(" + rows + ");");

        //设置 txt_Password 的客户端事件
        (e.Item.FindControl("txt_Password") as TextBox).
        Attributes.Add("onkeyup","txt_Password_onkeyup(" + rows + ");");
        (e.Item.FindControl("txt_Password") as TextBox).
        Attributes.Add("onfocus","onfocus1(this)");
        (e.Item.FindControl("txt_Password") as TextBox).
        Attributes.Add("onblur","onblur1(this)");
        (e.Item.FindControl("txt_Password") as TextBox).
        Attributes.Add("onchange","onchange1(" + rows + ");");

        //设置 TextBox3 的客户端事件
        (e.Item.FindControl("ddl_RightName") as DropDownList).
        Attributes.Add("onkeyup","ddl_RightName_onkeyup(" + rows + ");");
        (e.Item.FindControl("ddl_RightName") as DropDownList).
        Attributes.Add("onfocus","onfocus1(this)");
        (e.Item.FindControl("ddl_RightName") as DropDownList).
        Attributes.Add("onblur","onblur1(this)");
        (e.Item.FindControl("ddl_RightName") as DropDownList).
        Attributes.Add("onchange","onchange1(" + rows + ");");

        //设置 chk_Available 的客户端事件
        (e.Item.FindControl("chk_Available") as CheckBox).
        Attributes.Add
            ("onkeyup","chk_Available_onkeyup(" + rows + ");");
        (e.Item.FindControl("chk_Available") as CheckBox).
        Attributes.Add("onfocus","onfocus1(this)");
        (e.Item.FindControl("chk_Available") as CheckBox).
```

```
            Attributes.Add("onblur","onblur1(this)");
        (e.Item.FindControl("chk_Available") as CheckBox).
            Attributes.Add("onclick","onchange1(" + rows + ");");
        (e.Item.FindControl("Label2") as Label).Text =
            (e.Item.FindControl("chk_Available") as CheckBox).
                Checked ? "是" : "否";
        //设置CheckBox3的客户端事件
        (e.Item.FindControl("CheckBox3") as CheckBox).
            Attributes.Add("onclick","CheckBox3_onclick(" + rows + ");");
    }

    //表格行位于页脚模板时
    if (e.Item.ItemType == ListItemType.Footer)
    {
        //累计表格行数
        rows++;
        //设置chk_NewAvailableID的客户端事件
        (e.Item.FindControl("chk_NewAvailableID") as CheckBox).
            Attributes.Add
                ("onclick","chk_NewAvailableID_onclick(" + rows + ");");
    }
}
```

第六步，编写客户端处理脚本。为实现 Repeater 控件数据行中各控件的客户端事件处理编写相应函数，代码见清单 5-38。

清单 5-38　全屏编辑界面中客户端事件的函数定义

```
<script type="text/JavaScript">
//将整数转换为至少两个字符的字符串
function twodig(n)
{
    var str;
    if(n<10)
        str="0"+n;
    else
        str=""+n;
    return str;
}

function txt_UserName_onkeyup(row)
{
    var rows;
    var ctl1="Repeater1_ctl"+twodig(row-1);
    var ctl2="Repeater1_ctl"+twodig(row);
    var ctl3="Repeater1_ctl"+twodig(row+1);
    rows=parseInt(document.getElementById("Hidden1").value,10);
    if(event.keyCode == 39 && event.altKey==true)
        document.getElementById(ctl2+"_txt_Password").focus();
    if(event.keyCode == 38 && row>"01" && event.altKey==true)
        document.getElementById(ctl1+"_txt_UserName").focus();
```

```
        if(event.keyCode == 40 && row<rows && event.altKey==true)
            document.getElementById(ctl3+"_txt_UserName").focus();
}

function txt_Password_onkeyup(row)
{
    var rows;
    var ctl1="Repeater1_ctl"+twodig(row-1);
    var ctl2="Repeater1_ctl"+twodig(row);
    var ctl3="Repeater1_ctl"+twodig(row+1);
    rows=parseInt(document.getElementById("Hidden1").value,10);
    if(event.keyCode == 37 && event.altKey==true)
        document.getElementById(ctl2+"_txt_UserName").focus();
    if(event.keyCode == 39 && event.altKey==true)
        document.getElementById(ctl2+"_ddl_RightName").focus();
    if(event.keyCode == 38 && row>"01" && event.altKey==true)
        document.getElementById(ctl1+"_txt_Password").focus();
    if(event.keyCode == 40 && row<rows && event.altKey==true)
        document.getElementById(ctl3+"_txt_Password").focus();
}

function ddl_RightName_onkeyup(row)
{
    var rows;
    var ctl1="Repeater1_ctl"+twodig(row-1);
    var ctl2="Repeater1_ctl"+twodig(row);
    var ctl3="Repeater1_ctl"+twodig(row+1);
    rows=parseInt(document.getElementById("Hidden1").value,10);
    if(event.keyCode == 37 && event.altKey==true)
        document.getElementById(ctl2+"_txt_Password").focus();
    if(event.keyCode == 39 && event.altKey==true)
        document.getElementById(ctl2+"_chk_Available").focus();
    if(event.keyCode == 38 && row>"01" && event.altKey==true)
        document.getElementById(ctl1+"_ddl_RightName").focus();
    if(event.keyCode == 40 && row<rows && event.altKey==true)
        document.getElementById(ctl3+"_ddl_RightName").focus();
}

function chk_Available_onkeyup(row)
{
    var rows;
    var ctl1="Repeater1_ctl"+twodig(row-1);
    var ctl2="Repeater1_ctl"+twodig(row);
    var ctl3="Repeater1_ctl"+twodig(row+1);
    rows=parseInt(document.getElementById("Hidden1").value,10);
    if(event.keyCode == 37 && event.altKey==true)
        document.getElementById(ctl2+"_ddl_RightName").focus();
    if(event.keyCode == 38 && row>"01" && event.altKey==true)
        document.getElementById(ctl1+"_chk_Available").focus();
    if(event.keyCode == 40 && row<rows && event.altKey==true)
```

```
        document.getElementById(ctl3+"_chk_Available").focus();
}

function onfocus1(obj)
{
    obj.parentNode.parentNode.style.backgroundColor="#CCC";
}
function onblur1(obj)
{
    obj.parentNode.parentNode.style.backgroundColor="#F8F8F8";
}

function onchange1(row)
{
    var ctl="Repeater1_ctl"+twodig(row);
    document.getElementById(ctl+"_CheckBox3").checked=true;
    document.getElementById(ctl+"_Label3").innerText="将更新";
    document.getElementById(ctl+"_Label2").innerText=
    document.getElementById(ctl+"_chk_Available").checked?"是":"否";
}

//禁止单击 chk_NewAvailableID 改变其 checked 值
function CheckBox3_onclick(row)
{
    var ctl="Repeater1_ctl"+twodig(row);
document.getElementById(ctl+"_CheckBox3").checked=
    (document.getElementById(ctl+"_Label3").innerText=="将更新");
}

function chk_NewAvailableID_onclick(row)
{
    var ctl="Repeater1_ctl"+twodig(row);
    document.getElementById(ctl+"_Label4").innerText=(
    document.getElementById(ctl+"_chk_NewAvailableID").checked?"是":"否");
}
</script>
```

第七步，编写 Repeater 控件行命令事件处理方法。代码见清单 5-39。

清单 5-39 Repeater 控件行命令事件 ItemCommand 的方法定义

```
protected void Repeater1_ItemCommand(object source, RepeaterCommandEventArgs e)
{
    //单击"确认删除更新"按钮时
    if (e.CommandName == "Submit")
    {
        foreach (RepeaterItem item in Repeater1.Items)
        {
            if ((item.FindControl("CheckBox3") as CheckBox).Checked)
            {
                //设置 UpdateParameters 更新命令的参数集并更新记录
                SqlDataSource1.UpdateParameters["UserID"].DefaultValue =
```

```csharp
                    (item.FindControl("Label1") as Label).Text;
                SqlDataSource1.UpdateParameters["UserName"].DefaultValue =
                    (item.FindControl("txt_UserName") as TextBox).Text;
                SqlDataSource1.UpdateParameters["Password"].DefaultValue =
                    (item.FindControl("txt_Password") as TextBox).Text;
                SqlDataSource1.UpdateParameters["RightID"].DefaultValue =
                    (item.FindControl("ddl_RightName") as DropDownList).SelectedValue;
                SqlDataSource1.UpdateParameters["Available"].DefaultValue =
                    (item.FindControl("chk_Available") as CheckBox).Checked.ToString();
                SqlDataSource1.Update();
            }

            if ((item.FindControl("CheckBox2") as CheckBox).Checked)
            {
                //设置DeleteParameters删除命令的参数集并删除记录
                SqlDataSource1.DeleteParameters["UserID"].DefaultValue =
                    (item.FindControl("Label1") as Label).Text;
                SqlDataSource1.Delete();
            }
        }
    }
    //单击"插入"按钮时
    if (e.CommandName == "Insert" )
    {
        if((e.Item.FindControl("ddl_NewRightID") as DropDownList).SelectedIndex==0)
        {
            RegisterStartupScript("",
            "<script>alert('请选择权限类别');</script>");
            return;
        }
        //设置InsertParameters插入命令的参数集并插入记录
        SqlDataSource1.InsertParameters["UserID"].DefaultValue =
            (e.Item.FindControl("txt_NewUserID") as TextBox).Text;
        SqlDataSource1.InsertParameters["UserName"].DefaultValue =
            (e.Item.FindControl("txt_NewUserName") as TextBox).Text;
        SqlDataSource1.InsertParameters["Password"].DefaultValue =
            (e.Item.FindControl("txt_NewUserPassword") as TextBox).Text;
        SqlDataSource1.InsertParameters["RightID"].DefaultValue =
                (e.Item.FindControl("ddl_NewRightID") as DropDownList).SelectedIndex.ToString();
        SqlDataSource1.InsertParameters["Available"].DefaultValue =
            (e.Item.FindControl("chk_NewAvailableID") as CheckBox).Checked.ToString();
        SqlDataSource1.Insert();
        //控件值复位
        (e.Item.FindControl("txt_NewUserID") as TextBox).Text = "";
        (e.Item.FindControl("txt_NewUserName") as TextBox).Text = "";
```

```
            (e.Item.FindControl("txt_NewUserPassword") as TextBox).Text = "";
            (e.Item.FindControl("ddl_NewRightID") as DropDownList).
SelectedIndex = 0;
            (e.Item.FindControl("chk_NewAvailableID") as CheckBox).Checked =
false;
            (e.Item.FindControl("Label4") as Label).Text = "否";
    }
}
```

第八步，设置权限选项的数据源。为实现权限选择的 DropDownList 控件添加相同的数据源 SqlDataSource2。代码见清单 5-40。

清单 5-40　权限选项的数据源控件的设计

```
<asp:SqlDataSource ID="SqlDataSource2" runat="server"
  ConnectionString=
    "<%$ ConnectionStrings:HCITPOS1ConnectionString1 %>"
  ProviderName=
    "<%$ ConnectionStrings:HCITPOS1ConnectionString1.ProviderName %>"
  SelectCommand=
    "SELECT [RightID], [RightName] FROM [Right]">
</asp:SqlDataSource>
```

第九步，测试页面。浏览页面，测试更新、删除、插入、键盘事件和鼠标事件。测试结果表明本任务已经完成。

> **说明**
>
> 在记录插入中的行权限部分要求用户必须进行选择，所以设置 DropDownList 控件属性 AppendDataBoundItems 值为 "true"，并在数据绑定前添加一个列表选项 asp:ListItem，其值 Value 为 "0"。这正好实现了选项索引值与选项的一致。
>
> 多个 DropDownList 控件的作用相同时，可以合用一个数据源。为实现合用数据源的目的，应将这个数据源定义在 Repeater 控件之外。

单元 6

数据输入及有效性验证

本单元要点

- 数据验证的意义与方法
- 客户端数据验证
- 服务器端验证控件的使用
- 使用第三方组件输入有效日期数据
- 使用第三方输入 HTML 文本
- 使用 DropDownList 实现二级联动输入
- 树视图的使用
- 图像映像控件的使用

本单元将介绍项目开发中各种特殊要求的数据输入的实现方法。首先介绍数据输入中有效性验证的方法。然后介绍来自于.NET 控件和其他第三方提供的输入组件的使用。

有效性验证可以保证输入数据的合法性,这是程序设计中一项重要的工作,是提高程序健壮性与友好性的重要措施。当输入了不合法的数据后,应及时告知用户,提示用户更改输入。否则,用户因不小心输入了非法数据,而出现程序出错、导致系统崩溃,就会导致设计者的软件质量、信誉及销售大打折扣。

有效性验证同时也是提高网络安全的重要保证。用户输入可能会被潜在地用于攻击 Web 应用程序,在 Web 应用程序上执行恶意脚本或访问 Web 应用程序上的受限资源。

因此,输入的验证是很有必要的,要细心设计。

有效性验证究竟应在什么时候进行,特别是在 Web 应用程序方面,这种选择很有讲究。验证有三个阶段:客户端、Web 服务器端和数据库服务器端,并尽可能按照这三个阶段顺序优先设计验证,一般只需要设计一个阶段验证就可以了。数据库服务器端可以定义约束或触发器进行验证,这不是本书的重点介绍内容。下面介绍客户端验证和 Web 服务器端验证控件。

任务 6-1 使用服务器端控件实现非空或非空白验证

需求:

对客户端表单中的文本框做非空(文本长度大于零),并且不能全为半角或全角空格,也不能出现前导空白字符或尾随空白字符。

分析:

使用 JavaScript 对文本框按客户端 ID 读取其 value 属性,对此进行判断,按此结果返回值的真假决定是否继续发往服务器端。

实现:

第一步,新建页面。新建文件夹 01,并在其中添加一个页面 default.aspx,按图 6-1 放置一个服务器端文本框,ID 命名为 tb_Name,添加一个命令按钮 btn_Submit,标题为"提交"实现提交功能。

图 6-1 使用服务器端文本框的姓名输入界面

界面代码见清单 6-1。

清单 6-1 姓名输入界面的设计

```
姓名:<asp:TextBox ID="tb_Name" runat="server"></asp:TextBox>
     <asp:Button ID="btn_Submit" runat="server" Text="提交" />
```

第二步,添加客户端单击事件处理方法。

在页面的 Page_Load 中添加清单 6-2 所示代码,为服务器端按钮添加客户端单击事件处理代码。

清单 6-2 为服务器端按钮添加客户端单击事件处理代码

```
protected void Page_Load(object sender, EventArgs e)
{
```

```
    btn_Submit.Attributes.Add("onclick", "return isvalid('tb_Name');");
}
```

在页面中添加有效性判断的函数 isvalid，代码如清单 6-3 所示。

清单 6-3　客户端验证函数的定义

```
<script type="text/JavaScript">
    function isvalid(obj)  //参数 obj 表示页面上的标签 ID
    {
        var tb_Name = document.getElementById(obj);
        var name=tb_Name.value;
        if(name=="")
        {
            alert("输入不能为空");
            return false;
        }
        name=name.replace(/(^\s*)/g,"");   //删除前面空白字符
        alert(" ""+name+"" ");//此句只是用于演示
        name=name.replace(/(\s*$)/g,"");   //删除后面空白字符
        alert(" ""+name+"" ");//此句只是用于演示
        if(name=="")
        {
            alert("输入不能全是空格");
            return false;
        }
        tb_Name.value=name;
        alert("输入有效");
        return true;
    }
</script>
```

第三步，接收客户端提交数据。为了显示客户端发来的文本，编写服务器端按钮单击事件，代码如清单 6-4 所示。

清单 6-4　服务器端按钮单击事件的方法定义

```
protected void btn_Submit_Click(object sender, EventArgs e)
{
    Response.Write(
        string.Format("客户端发来的文本为"{0}"，长度为{1}",
        tb_Name.Text,tb_Name.Text.Length));
}
```

第四步，测试页面。选择测试数据：""" " " abc " " ab c "，发现结果符合任务要求。

> **说明**
>
> （1）向服务器端控件添加客户端事件，一般都以属性形式添加到控件的属性集合中，格式如下：
>
> 　　服务器端控件 ID.Attributes.Add("客户端事件属性名","属性值");
>
> 打开客户端页面文件的源代码。看到如清单 6-5 所示的代码：

清单6-5 客户端静态页面的部分代码
```
姓名：<input name="tb_Name" type="text" id="tb_Name" />
<input type="submit" name="btn_Submit" value="提示"
onclick="return isvalid('tb_Name');" id="btn_Submit" />
```

服务器端按钮控件（Button 按钮、LinkedButton 链接按钮、ImageButton 图像按钮）的客户端单击事件可以通过对 OnClientClick 属性进行设置。第二步中代码可以换成：btn_Submit.OnClientClick="return isvalid('tb_Name')"。

（2）客户端脚本中使用了正则表达式，说明如下：

正则表达式分两个部分：模式 pattern 部分和标志 flags 部分的标志用"/"分隔。本任务格式为/pattern/[flags]，其中，模式部分分三部分：

① 放在模式前面的符号^表示文本开头位置；

② 放在模式末尾的符号$表示文本结尾位置；

③ 字符串\s（小写）表示空白字符，包括空格、制表符、换页符等。相反\S（大写）表示非空白字符。

与此类似的\w（小写）表示包括下画线组成的单词的任何字符，W 匹配任何非单词字符；\d（小写）表示一个数字字符，\D（大写）表示一个非数字字符；半角点字符"."表示除\n之外的任何单个字符。

括号（半角）在构造正则表达式中用途很广，几乎不可或缺。

小括号表示一个相对独立的部分，在具有或关系（符号为|）的多个部分中必须添加小括号，格式为"(模式1)|(模式2)"，本任务中因为只有一个部分，所以这对小括号可以省略。

中括号表示单个字符的取值范围。例如：

[1-9]表示非0之外的所有数字字符，其中的减号"-"表示一段范围；

[AEIOUaeiou]表示元音字符；

[\x30|\u3000]表示半角或全角字符；

[^(\x30|\u3000)]表示非半角或全角字符之外的字符（^是对一段取值范围否定，不同前面讲到的表示文本开头部分的^）；

[.\n]表示所有字符。

[\d+-.]中的"."表示点字符。

大括号表示某个模式的重复次数。例如：

/^(\w){6,20}$/表示从头到尾含6到20个单词字符。重复次数下限为6，重复次数上限为20，下限省略时表示下限为 0，如{,20}；上限省略时表示上限不限，如{6,}。在模式重复指定时，下限为0和下限为1是常用的，分别用"*"和"+"表示，如[1-9]{1,}等同于[1-9]+。字符"?"与"{0,1}"等同，可以不出现，最多出现一次，问号字符与点字符一样用\?表示。

标志部分的简单说明如下：

本任务中出现的 g 标志表示全文查找，而不是在找到第一个之后就停止；此外，i 标志表示忽略大小写，m 标志表示多行查找。

本任务中前导和尾随空白字符也可以使用下列模式/(^\s*)|(\s*$)/g，不能将两者合并，写成(^\s*$)。

（3）本任务为了讲述验证的功能，详细地给出了验证失败的信息，而在登录中不能给出如"姓名输入不正确""密码长度不足 6 位""密码不正确"这类的提示信息，否则只能是"吃力不讨好"。

（4）本任务只使用了正则表达式完成了模式替换，使用较多的是模式匹配，即对给定字符串判断其是否符合模式的要求。模式匹配使用了模式对象的test方法，方法返回真true表示匹配成功。模式匹配示例见清单6-6：

清单6-6　E-mail模式匹配的代码

```
var pattern=/^\w+([-+.]\w+)*@\w+([-.]\w+)*\.\w+([-.]\w+)*$/;
//匹配 E-mail 地址
var content="dd-g@163.com";
//这时模式匹配是成功的，如果将@删除，则模式匹配是失败的
    if(!pattern.test(content)){
        alert("请输入正确的格式!");
        return false;
    }
```

本任务中也可使用模式匹配完成验证。部分代码如清单6-7所示。

清单6-7　非空白文本模式匹配的代码（一）

```
var pattern=/^\s*$/g;
//匹配空白文本
if(pattern.test(name))
{
    alert("输入不能全是空格");
    return false;
}
```

也可以直接由正则表达式对象/^\s*$/g调用test方法。对应代码如清单6-8所示。

清单6-8　非空白文本模式匹配的代码（二）

```
if(/^\s*$/g.test(name))
{
    alert("输入不能全是空格");
    return false;
}
```

为了清晰表达，/^\s*$/g.test(name)可以写成(/^\s*$/g).test(name)，即用小括号将正则表达式对象括起来。产生正则表达式对象的方法还有第二种格式：new RegExp("pattern"[,"flags"])，请读者自己测试。

（5）关于客户端用于验证的正则表达式和验证函数，网络上有很多资源，现将来自http://blog.csdn.net/h475410885/archive/2009/05/06/4155413.aspx 的部分内容稍加修改，得到清单6-9提供给读者，作为复习巩固和参考引用的资源。更多内容请按上行提供的URL查阅。

清单6-9　客户端常见数据的验证正则表达式和验证函数定义

```
<script language="JavaScript" type="text/JavaScript">
function check(content)// 参数content表示需验证的文本
{
    //var pattern1=/^[1-9]\d{7}((0\d)|(1[0-2]))(([0|1|2]\d)|3[0-1])\d{3}$/;
    //15位的身份证
```

```
//var pattern2=/^[1-9]\d{5}[1-9]\d{3}((0\d)|(1[0-2]))(([0|1|2]\d)|3[0-1])\d{4}$/;
//18位的身份证
//var pattern=/^http:\/\/([\w-]+\.)+[\w-]+(\/[\w-.\/?%&=]*)?/;
//匹配网址1
//var pattern=/http(s)?:\/\/([\w-]+\.)+[\w-]+(\/[\w- .\/?%&=]*)?/;
//匹配网址2
//var pattern=/^[\u4e00-\u9fa5]$/;
//匹配中文字符(单个汉字)
//var pattern=/^[1-9]\d{5}(?!\d)$/;
//匹配邮政编码
//var pattern=/^[1-2][0-9][0-9]-[0-1]{0,1}[0-9]-[0-3]{0,1}[0-9]$/;
//匹配日期,如1900-01-01
//var pattern=/^[^\x00-\xff]$/;
//匹配双字节字符(包括汉字在内的单个字符)
//var pattern=/^<(.*)>.*<\/\1>|<(.*) \/>$/;
//匹配HTML标记
//var pattern=/<(\S*?)[^>]*>.*?<\/\1>|<.*? \/>/;
//匹配HTML标记
//var pattern=/^\n[\s| ]*\r$/;
//可以用来删除空白行
//var pattern=/^(\s*)|(\s*)$/;
//可以用来删除行首尾的空白字符(包括空格、制表符、换页符等)
//var pattern=/^[a-zA-Z][a-zA-Z0-9_]{4,15}$/;
//字母开头,限制5~16字节,允许字母数字下画线
//var pattern=/^\d{3}-\d{8}|\d{4}-\d{7,8}$/;
//匹配国内电话,如0739-8888888(8) 或 020-88888888
//var pattern=/^[1-9][0-9]{4,}$/;
//匹配腾讯QQ号码,从10000开始
//var pattern=/^\d+\.\d+\.\d+\.\d+$/;
//匹配IP地址
/******************匹配特定数字*******************/
//var pattern=/^(\w)\1{4,}*$/;
//匹配整数
//var pattern=/-?[1-9]\d*$/;
//匹配整数
//var pattern=/^[1-9]\d*$/;
//匹配正整数
//var pattern=/^-[1-9]\d*$/;
//匹配负整数
//var pattern=/^[1-9]\d*|0$/;
//匹配非负整数
//var pattern=/^-[1-9]\d*|0$/;
//匹配非正整数
//var pattern=/^[1-9]\d*\.\d*|0\.\d*[1-9]\d*$/;
//匹配正浮点数
//var pattern=/^-([1-9]\d*\.\d*|0\.\d*[1-9]\d*)$/;
//匹配负浮点数
//var pattern=/^-?([1-9]\d*\.\d*|0\.\d*[1-9]\d*|0?\.0+|0)$/;
//匹配浮点数
```

```
        //var pattern=/^[1-9]\d*\.\d*|0\.\d*[1-9]\d*|0?\.0+|0$/;
        //匹配非负浮点数
        //var pattern=/^(-([1-9]\d*\.\d*|0\.\d*[1-9]\d*))|0?\.0+|0$/;
        //匹配非正浮点数
        /******************匹配特定字符串******************/
        //var pattern=/^[A-Za-z]+$/;
        //匹配由 26 个英文字母组成的字符串
        //var pattern=/^[A-Z]+$/;
        //匹配由 26 个大写英文字母组成的字符串
        //var pattern=/^[a-z]+$/;
        //匹配由 26 个小写英文字母组成的字符串
        //var pattern=/^[A-Za-z0-9]+$/;
        //匹配由数字和 26 个英文字母组成的字符串
        //var pattern=/^\w+$/;
        //匹配由数字、26 个英文字母或者下画线组成的字符串
        var pattern=/^\w+([-+.]\w+)*@\w+([-.]\w+)*\.\w+([-.]\w+)*$/;
        //匹配 E-Mail 地址
        //if(!(pattern1.test(document.form1.textbox.value)||pattern2.test
(document.form1. textbox.value))){
        //if(!pattern.test(document.getElementById("textbox").value)){
           if(!pattern.test(content)){
                alert("请输入正确的格式!");
                return false;
           }
        }
    </script>
```

任务 6-2　实现静态页面表单数据向动态页面的传递

需求：

使用 HTML 静态页面向 ASPX 动态页面提交经过非空验证的输入数据。

分析：

HTML 静态页面负责在客户端表单中录入数据，单击提交，经过验证将表单数据发送到 ASPX 动态页面。客户端表单中标签（或称控件）的标识属性是 name 属性（而不是 id 属性，id 属性有时作为 CSS 样式表的样式引用），服务器端使用 Request["标签名"]得到 HTML 静态页面表单中各标签的数据。本任务仍然完成与任务 6-1 类似的非空验证。

实现：

第一步，新建页面。新建文件夹 02，并在其中分别添加 HTML 静态页面 HTMLPage.htm 和 ASPX 动态页面 default.aspx，并设置各页面的标题 title 为"静态页面"和"动态页面"。

第二步，设计静态页面。在静态页面 HTMLPage.htm 中，添加 form 标签，设置 action 属性为"Default.aspx"，在 form 标签内输入"姓名"文本，添加一个类型 type 属性为"text"的 HTML 文本框标签，name 命名为 tb_Name，添加一个类型 type 属性为"submit"的 HTML 标签，name 命名为 btn_Submit，标题文本 value 属性为"提交"，以实现提交功能。

界面如图 6-2 所示，界面代码见清单 6-10。

清单 6-10　姓名输入界面的设计

图 6-2　使用客户端文本框输入标签的姓名输入界

```
<form action="Default.aspx">
    姓名：<input name="tb_Name" type="text" />
    <input id="btn_Submit" type="submit" value="提交" />
</form>
```

第三步，编写客户端 JavaScript 脚本实现验证。其代码见清单 6-11。

清单 6-11　客户端验证脚本

```
<script type="text/JavaScript">
    function isvalid(obj)//参数 obj 表示页面上的标签 ID
    {
        var tb_Name = document.getElementById(obj);
        var name=tb_Name.value;
        if(name=="")
        {
            alert("输入不能为空");
            return false;
        }

        if((/^\s*$/g).test(name))
        {
            alert("输入不能全是空格");
            return false;
        }

        tb_Name.value=name;
        alert("输入有效");
        return true;
    }
</script>
```

第四步，设置按钮标签的 onClick 属性。使其属性值为"return isvalid('tb_Name')"以调用客户端函数。

第五步，编写动态页面加载事件。在动态页面 default.aspx 的 Page_Load 中添加事件方法，代码如清单 6-12 所示。

清单 6-12　服务器端接收客户端提交的数据

```
protected void Page_Load(object sender, EventArgs e)
{
    string tb_Name;
    if (Request["tb_Name"]==null) return;
    tb_Name = Request["tb_Name"];
    Response.Write(
        string.Format("客户端发来的文本为"{0}"，长度为{1}",
        tb_Name, tb_Name.Length));
}
```

第六步，页面测试。在浏览器中打开静态页面，分别输入验证失败与验证成功的文本，提交结果发现，动态页面能在静态页面验证成功的提交后，自动打开并执行 Page_Load 事件方法，显示相关内容，至此本任务已经完成。

> **说明**
>
> 本任务介绍了静态页面向动态页面提供数据的过程，这有利于多人分工合作，将界面与代码处理分开。
>
> 动态页面向静态页面传递数据可以通过 Response.Write(响应文本)，响应文本的格式可以是 XML 或 JSON。

任务 6-3 使用客户端脚本实现日期范围的客户端验证

需求：

设计日期范围输入界面，日期的输入要进行必填和格式的验证，并要求起始日期不大于终止日期。

分析：

使用文本框标签完成日期输入，日期文本框中全是空白字符应视为无输入。日期格式的判定可以用正则表达式对象进行模式匹配的验证，也可以通过判断能否构造出日期对象进行验证。

实现：

第一步，新建页面。新建文件夹 03，并在其中添加 ASPX 动态页面 default.aspx，并设置页面的标题 title 为"日期段的输入"。

在动态页面 default.aspx 中，按图 6-3 所示建立界面。界面代码如清单 6-13 所示。

图 6-3　日期范围输入的设计界面

清单 6-13　日期范围输入界面的设计

```
<form id="form2" runat="server">
<div>
    日期范围：
    从<asp:TextBox ID="tb_Start" runat="server"></asp:TextBox>
    到<asp:TextBox ID="tb_End" runat="server"></asp:TextBox>
    <asp:Button ID="btn_Submit" runat="server" Text="提交"/>
</div>
</form>
```

第二步，编写 JavaScript 脚本实现验证，其代码见清单 6-14。

清单 6-14　客户端验证脚本

```
<script type="text/JavaScript">
    function isvalid_date()
    {
        var tb_Start = document.getElementById("tb_Start");
        var tb_End = document.getElementById("tb_End");
```

```javascript
        if( tb_Start.value=="" ||(/^\s*$/g).test(tb_Start.value))
        {
            alert("起始日期输入不能为空");
            return false;
        }

        if(!(/^(\d{2,2})|(\d{4,4})-\d{1,2}-\d{1,2}$/g).test(tb_Start.value))
        {
            alert("起始日期格式不正确");
            return false;
        }

        if(tb_End.value=="" || (/^\s*$/g).test(tb_End.value))
        {
            alert("终止日期输入不能为空");
            return false;
        }

        if(!(/^(\d{2,2})|(\d{4,4})-\d{1,2}-\d{1,2}$/g).test(tb_End.value))
        {
            alert("终止日期格式不正确");
            return false;
        }
        var oDate1 = new Date(tb_Start.value);
        var oDate2 = new Date(tb_End.value);
        if (oDate1 > oDate2)
        {
            alert("起始日期不能大于终止日期");
            return false;
        }
}
</script>
```

第三步，编写页面加载事件方法。在动态页面 default.aspx 的 Page_Load 中添加事件方法，代码见清单 6-15。

清单 6-15 服务器端指定客户端单击事件处理代码

```
protected void Page_Load(object sender, EventArgs e)
{
    btn_Submit.OnClientClick = "return isvalid_date()";
}
```

第四步，测试页面。在浏览器中打开动态页面，测试验证。输入表 6-1 所示的测试数据，分别是验证失败与验证成功的文本，并提交显示结果。至此本任务已经完成。

表 6-1 日期有效性验证的测试计划与测试结果

测 试 数 据	期 望 结 果	测 试 结 果
起始日期不输入	起始日期输入不能为空	√（同期望结果）
起始日期输入几个空格	起始日期输入不能为空	√（同期望结果）

续表

测试数据	期望结果	测试结果
起始日期输入 sdd	起始日期格式不正确	✓（同期望结果）
起始日期输入 2017/243	起始日期格式不正确	✓（同期望结果）
起始日期输入 2017/223/2	起始日期格式不正确	✓（同期望结果）
起始日期输入 2017/2/233	起始日期格式不正确	✓（同期望结果）
起始日期输入 2017/2/23	无起始日期输入不能为空或起始日期格式不正确的结果	✓（同期望结果）
终止日期不输入	终止日期输入不能为空	✓（同期望结果）
终止日期输入几个空格	终止日期输入不能为空	✓（同期望结果）
终止日期输入 sdd	终止日期格式不正确	✓（同期望结果）
终止日期输入 2017/243	终止日期格式不正确	✓（同期望结果）
终止日期输入 2017/223/2	终止日期格式不正确	✓（同期望结果）
终止日期输入 2017/2/233	终止日期格式不正确	✓（同期望结果）
终止日期输入 2017/2/23	无终止日期输入不能为空或终止日期格式不正确的结果	✓（同期望结果）
起始日期输入 2017/2/23 终止日期输入 2017/2/21	起始日期不能大于终止日期	✓（同期望结果）
起始日期输入 2017/2/23 终止日期输入 2017/2/23	验证通过	✓（同期望结果）
起始日期输入 2017/2/23 终止日期输入 2017/2/24	验证通过	✓（同期望结果）

> **说明**
>
> 本任务日期范围输入在项目开发中是常用的，如果还有时间部分，则请读者补充验证部分的脚本。
>
> 本任务中存在一个缺陷，即对数字范围未作限制，如输入日期数据为 2017/34/2 格式没有错误，但不符合实际情况。
>
> 本任务中输入日期数据为"2017/34/3"时没有因此产生验证错误的信息，这说明在构造日期对象时可以接受这样的数据，也可以接受"2017/3/34"，"2017/3/34"等同于"2017/4/3"。
>
> 通过 isNaN 判断能否构造出日期对象从而对日期格式进行验证。这样不必构造复杂的正则表达式对象，做法比较简单。脚本修改如清单 6-16 所示。

清单 6-16　客户端日期有效性验证函数的定义

```
<script type="text/JavaScript">
    function isvalid_date()
    {
        var tb_Start = document.getElementById("tb_Start");
        var tb_End = document.getElementById("tb_End");
        if( tb_Start.value=="" ||(/^\s*$/g).test(tb_Start.value))
        {
            alert("起始日期输入不能为空");
            return false;
```

单元6 | 数据输入及有效性验证

```
        }
        var oDate1 = new Date(tb_Start.value);
        alert(oDate1);
        if(isNaN(oDate1))//注意isNaN的大小写
        {
            alert("起始日期格式不正确");
            return false;
        }

        if(tb_End.value=="" || (/^\s*$/g).test(tb_End.value))
        {
            alert("终止日期输入不能为空");
            return false;
        }
        var oDate2 = new Date(tb_End.value);
        if(isNaN(oDate1))
        {
            alert("终止日期格式不正确");
            return false;
        }

        if (oDate1 > oDate2)
        {
            alert("起始日期不能大于终止日期");
            return false;
        }

        alert("验证通过");
    }
</script>
```

本任务还有一个缺陷就是在日期对象构成时，年月日的间隔符为半角"/"，否则不能构成日期对象。下一个任务用服务器端验证控件弥补这一缺陷。

任务 6-4 使用服务器端验证控件实现日期范围的验证

需求：

在动态页面中使用服务器端控件对输入日期范围进行有效性验证。日期的输入要进行必填和格式的验证，并要求起始日期不大于终止日期。

分析：

使用文本框标签完成日期输入，使用服务器端验证控件完成有效性验证。

实现：

第一步，新建页面。新建文件夹04，并在其中添加ASPX动态页面default.aspx，并设置页面的标题 title 为"日期段的输入"。在动态页面 default.aspx 中，按图 6-4 所示建立界面。其中验证控件在工具箱的"验证"选项卡里。界面见代码见清单 6-17。

图 6-4 带验证控件的日期范围输入设计界面

清单 6-17 带验证控件的日期范围输入界面的设计

```
<form id="form2" runat="server">
<div>
    日期范围：
    从<asp:TextBox ID="tb_Start" runat="server"></asp:TextBox>
    <asp:RequiredFieldValidator ID="RequiredFieldValidator1" runat="server"
    ControlToValidate="tb_Start" Display="Dynamic"
        ErrorMessage="起始日期必须填写">
    </asp:RequiredFieldValidator>
    到<asp:TextBox ID="tb_End" runat="server"></asp:TextBox>
    <asp:RequiredFieldValidator ID="RequiredFieldValidator2" runat="server"
    ControlToValidate="tb_End" Display="Dynamic"
        ErrorMessage="终止日期必须填写">
    </asp:RequiredFieldValidator>
    <asp:CompareValidator ID="CompareValidator1" runat="server"
    ControlToCompare="tb_Start" ControlToValidate="tb_End" Display="Dynamic"
    ErrorMessage="终止日期不得小于起始日期,或日期格式不正确" Operator=
    "GreaterThanEqual" Type="Date">
    </asp:CompareValidator>
    <br/>
    <asp:Button ID="btn_Submit" runat="server" Text="提交"/> <br/>
    <br/>
    <br/>
</div>
</form>
```

第二步，测试页面。在浏览器中打开动态页面，测试验证。输入表 6-2 所示的测试数据，分别是验证失败与验证成功的文本，并提交显示结果。至此本任务已经完成。

表 6-2 日期有效性验证的测试计划与测试结果

测 试 数 据	期 望 结 果	测 试 结 果
起始日期不输入	起始日期必须填写	√（同期望结果）
起始日期输入几个空格	起始日期必须填写	√（同期望结果）
起始日期输入 sdd	不出现"起始日期必须填写"，但可能出现"终止日期不得小于起始日期,日期格式不正确"	√（同期望结果）
起始日期输入 2017/243	不出现"起始日期必须填写"，但可能出现"终止日期不得小于起始日期,或日期格式不正确"	√（同期望结果）

续表

测试数据	期望结果	测试结果
起始日期输入 2017/2/23	不出现"起始日期必须填写",但可能出现"终止日期不得小于起始日期,或日期格式不正确"	√(同期望结果)
终止日期不输入	终止日期必须填写	√(同期望结果)
终止日期输入几个空格	终止日期必须填写	√(同期望结果)
终止日期输入 sdd	不出现"起始日期必须填写",但会出现"终止日期不得小于起始日期,日期格式不正确"	√(同期望结果)
终止日期输入 2017/243	不出现"起始日期必须填写",但会出现"终止日期不得小于起始日期,日期格式不正确"	√(同期望结果)
终止日期输入 2017/2/22	不出现"起始日期必须填写",但可能会出现"终止日期不得小于起始日期,日期格式不正确"	√(同期望结果)
起始日期输入 2017/2/23 终止日期输入 2017/2/21	终止日期不得小于起始日期	√(同期望结果)
起始日期输入 2017/2/23 终止日期输入 2017/2/23	验证通过	√(同期望结果)
起始日期输入 2017/2/23 终止日期输入 2017/2/24	验证通过	√(同期望结果)

> **说明**
>
> 本任务中使用了两类服务器端验证控件,即必填域验证控件 RequiredFieldValidator 和比较验证控件 CompareValidator。
>
> 必填域验证控件 RequiredFieldValidator 验证级别最高,即首先进行必填域验证,只有所有项的必填域验证通过后才能进行其他验证,请读者在本任务测试中注意观察。
>
> 每个验证控件必须设置 ControlToValidate 属性,表示对哪个服务器端控件进行验证,否则验证就不起任何作用,另外 ErrorMessage 属性的设置也很有意义,它表示验证失败显示的出错信息。
>
> 每个验证控件只能对一个服务器端控件进行验证,一个服务器端可以被多个验证控件验证,本任务中表示终止日期的 tb_End 就同时接受了必填域验证和比较验证。
>
> 不是所有服务器端控件都能接受了验证控件验证,如 CheckBox 就不接受必填域验证(Checked 为 false 也是一种选择)。也不是验证控件的使用都有意义,如 DropDownList 控件在选项集合有选项元素时,就必填域验证就能通过验证,设置必填域验证就没有意义了。
>
> 设置显示属性 Display 为 Dynamic(默认为 Static)是使验证通过时不显示的出错信息 ErrorMessage 是否占据页面空间,Display 为 Dynamic 不占页面空间,后面的控件会动态地调整到前面来。
>
> 本任务中比较验证控件涉及两个服务器端控件,一个代表被验证控件,另一个代表进行比较的控件。

验证控件都具有 Text 属性，在没有设置的情况下，验证控件上显示出错信息为 ErrorMessage 属性值，设置了 Text 属性（一般设为*，代表简短的出错信息）验证控件上显示出错信息为 Text 属性值。详细的出错信息这时不被显示，可以通过验证汇总控件 ValidationSummary 集中显示所有出错信息。

每个验证控件都有 EnableClientScript 属性，默认为 True，表示允许在客户端引用并执行。客户端 script 代码已被加密，部分 script 引用和执行代码如清单 6-18 所示。

清单 6-18 已被加密的客户端验证脚本引用与执行

```
<script src="/chap06/WebResource.axd?d=Yp1vo0_6HIP0DE1LEio2BA2&amp;
t=633834484103732959" type="text/JavaScript">
</script>

<script src="/chap06/WebResource.axd?d=A_HwkhijuMNr0eei6yW1DD5uvcYiHbfv
V3u835hYXSU1&amp;t=633834484103732959" type="text/JavaScript">
</script>

<script type="text/JavaScript">
//<![CDATA[
function WebForm_OnSubmit() {
        if (typeof(ValidatorOnSubmit) == "function" && ValidatorOnSubmit() == false) return false;
        return true;
}
//]]>
</script>
```

本任务中输入日期数据为"2017/34/3"或"2017/3/34"会使用比较验证控件产生格式错误。

任务 6-5 使用 Calendar 控件实现日期输入与验证

需求：

服务器端日历 Calendar 控件一般不显示，仅在单击右边小按钮时显示，选择日期后将选择结果显示在文本框中，然后再将日历控件隐藏起来。

分析：

本任务可以在任务 6-4 的基础上完成。为了方便文本框、日历显示按钮、验证控件布局，任务中使用了 table 标签。

实现：

第一步，新建页面。新建文件夹 05，复制 04 文件夹中的 default.aspx。在页面中添加两个日历控件，并命名为 cld_Start 和 cld_End，自动套用格式选择了"专业型 1"。添加 table，按图 6-5 所示布局页面元素。

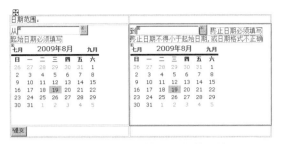

图 6-5 带日历 Calendar 控件的日期范围输入设计界面

第二步，编写服务器端代码。编写页面、按钮、日期控件事件方法中实现本任务需求。代码见清单 6-19。

清单 6-19 服务器端页面类代码

```
public partial class _05_Default : System.Web.UI.Page
{
    protected void Page_Load(object sender, EventArgs e)
    {
        if (!IsPostBack)//首次加载时使用日历控件都不可见
        {
            cld_Start.Visible = false;
            cld_End.Visible = false;
        }
    }
    //单击按钮，打开起始日历控件
    protected void btn_Start_Click(object sender, EventArgs e)
    {
        cld_Start.Visible = true;
    }
    //单击按钮，打开终止日历控件
    protected void btn_End_Click(object sender, EventArgs e)
    {
        cld_End.Visible = true;
    }
    //选择起始日历控件的日期后，将选择的日期文本送到起始日期文本控件中，并隐藏起始日历控件
    protected void cld_Start_SelectionChanged(object sender, EventArgs e)
    {
        tb_Start.Text = cld_Start.SelectedDate.ToString();
        cld_Start.Visible = false;
    }
    //选择终止日历控件的日期后，将选择的日期文本送到终止日期文本控件中，并隐藏终止日历控件
    protected void cld_End_SelectionChanged(object sender, EventArgs e)
    {
        tb_End.Text = cld_End.SelectedDate.ToString();
        cld_End.Visible = false;
    }
}
```

第三步，测试页面。在浏览器中打开动态页面，测试验证。测试数据可与任务 6-4 相同，至此本任务已经完成。

> **说明**
>
> 使用日历控件设置日期，不存在格式上的错误，只要单击即可，非常方便。
>
> 本任务中日历控件每做一次操作都会产生一次对服务器端的请求，这样会影响 Web 应用系统的效率。在下一个任务中将使用高手奉献的 JavaScript 客户端日历控件，从而克服了频繁请求服务器的现象，也减少了编码量。

任务 6-6 带文本框日历控件的制作

需求：

将任务 6-5 中的日期选择涉及的文本框、日历显示按钮和日历控件封装成日历用户控件，日历用户控件具有 Date 属性。

分析：

创建一个 System.Web.UI.UserControl 派生类。隐藏服务器端日历控件之后，客户端没有该控件对应的静态代码，为了能在服务端得到 Date 属性，应该使用服务器状态对象（而不是变量）保存所选的数据信息，本任务中是有效范围在单个页面内的 ViewState 状态对象。

实现：

第一步，新建 Web 用户控件。新建文件夹 06，按图 6-6 所示添加类型为"Web 用户控件"的新项，命名为 MyCanlender.ascx。

第二步，设计用户控件界面。打开 MyCanlender.ascx，切换到设计模式，按图 6-7 所示设计界面，向用户控件界面中添加文本框、按钮和日历控件。

图 6-6 添加 Web 用户控件

图 6-7 Web 用户控件的设计界面

第三步，编写代码，实现任务所需的功能，并保存。代码见清单 6-20。

清单 6-20 服务器端用户控件类代码

```csharp
public partial class MyCalender : System.Web.UI.UserControl
{
    protected void Page_Load(object sender, EventArgs e)
    {
    }
    protected void Calendar1_SelectionChanged(object sender, EventArgs e)
    {
        TextBox1.Text = Calendar1.SelectedDate.ToString();
        ViewState["Date"] = TextBox1.Text;
        Calendar1.Visible = false;
```

```
    }
    protected void Button1_Click(object sender, EventArgs e)
    {
        Calendar1.Visible = true;
    }
    public string Date//定义一个可读可写属性 Date
    {
        get { return ViewState["Date"].ToString(); }
        set { ViewState["Date"] = value;
            TextBox1.Text=value;
        }
    }
}
```

第四步，添加动态页面。文件名默认为 default.aspx，用来测试用户控件。

第五步，引用用户控件。打开 default.aspx 页面，切换到设计模式，从解决方案资源管理器中使用拖放方法加入 MyCalender 日历用户控件，使用默认的 ID：MyCalender1。

第六步，测试属性可写。在 MyCalender1 中设置 Date 属性为"2009/1/1"（Date="2009/1/1"），以测试 Date 属性的可写功能。

第七步，测试属性可读。添加按钮和文本框，设计按钮的 Text 属性为"读取用户控件的属性"，编写事件方法以测试 Date 属性的可读功能。代码如清单 6-21 所示。

清单 6-21　服务器端按钮单击事件的方法定义

```
protected void Button1_Click(object sender, EventArgs e)
{
    TextBox1.Text = MyCalender1.Date;
}
```

第八步，测试页面。浏览页面 default.aspx 页面，单击小按钮，以显示服务器端日历控件，选择日期后，日历控件自动隐藏，所选日期显示在文本框，单击"读取用户控件的属性"按钮，日历用户控件的 Date 属性（日历用户控件的文本框文本）即显示在 default.aspx 页面的 TextBox1 控件中。至此，本任务已经完成。

> **说明**
>
> 用户控件是对页面中某些控件的集成，产生一个新的控件类，这是提高可重用性的一种方法，当需要另一个同类用户控件时，也只是拖放而已，这些控件可以像 ASP.NET 的标准控件一样被 GridView 数据绑定控件引用。
>
> 其他项目或其他用户使用此用户控件时，只要复制它所涉及的相关文件即可。
>
> 验证控件对用户控件不起作用，但可以在用户控件内使用验证控件。

任务 6-7　使用客户端 Calendar 组件实现日期时间的输入

需求：

按图 6-8 所示，利用所提供的 JS 日历控件完成日期输入。

图 6-8　使用客户端 Calendar 组件实现日期时间输入的运行界面

分析：

本任务难点在于如何将 JS 日历控件与文本框结合起来使用。

实现：

第一步，新建页面。新建文件夹 07，添加一个动态页面，保留默认文件名"Default.aspx"

第二步，打开 Default.aspx 文件，切换到设计模式，添加<table>标签用于定位，在同一个<tr>、两个<td>标签中添加服务端文本框控件，并在文本框后加一个
。

界面如图 6-9 所示，代码见清单 6-22。

图 6-9　使用客户端 Calendar 组件实现日期时间输入的设计界面

清单 6-22　日期范围输入界面的设计

```
<form id="form1" runat="server">
    <table>
        <tr>
            <td>开始时间：
            <asp:TextBox ID="dtBegin" runat="server"></asp:TextBox><br/>
            </td>
            <td >结束时间：
            <asp:TextBox ID="dtEnd" runat="server"></asp:TextBox><br/>
            </td>
        </tr>
    </table>
</form>
```

第三步，添加 JS 所需资源到网站。将 JS 控件相关的文件资源，复制到 07\JS 文件夹下。

第四步，添加 JS 所需资源到网页。切换到源模式，在<head>标签中添加与 JS 控件相关的样式文件和脚本文件的引用。代码如清单 6-23 所示。

清单 6-23　JS 控件相关样式文件和脚本文件的引用

```
<head runat="server">
    <title>JS 日历控件的使用</title>
    <link rel="stylesheet" type="text/css" media="all"
    href="js/jscalen/skins/aqua/theme.css" title="Aqua" />
    <script src="js/jscalen/calendar.js" type="text/JavaScript"></script>
    <script src="js/jscalen/lang/cn_utf8.js" type="text/JavaScript"></script>
    <script src="js/jscalen/calUtil.js" type="text/JavaScript"></script>
</head>
```

第五步，编码以显示 JS 控件。为实现文本框单击或获得焦点时，显示 JS 日历控件（显示一个 JS 日历控件的同时会自动隐藏另一个 JS 日历控件，这是控件自身就能实现的），编写如清单 6-24 所示代码。

清单 6-24　服务器端设置文本框事件属性以实现控制 JS 日历控件的显示

```
protected void Page_Load(object sender, EventArgs e)
{
    TextBox tb;
    tb = this.FindControl("dtEnd") as TextBox;
    tb.Attributes.Add("onfocus", "showCalendar('" + tb.ClientID + "',
    '%Y-%m-%d %H:%M', '24', true);");
    tb.Attributes.Add("onclick", "showCalendar('" + tb.ClientID + "',
    '%Y-%m-%d %H:%M', '24', true);");

    tb = this.FindControl("dtBegin") as TextBox;
    tb.Attributes.Add("onfocus", "showCalendar('" + tb.ClientID + "',
    '%Y-%m-%d %H:%M', '24', true);");
    tb.Attributes.Add("onclick", "showCalendar('" + tb.ClientID + "',
    '%Y-%m-%d %H:%M', '24', true);");
}
```

第六步，测试页面。打开本任务的 Default.aspx 页面，测试结果表明在选择日期和时间的操作一直没有请求服务器端的情况。至此，本任务已经完成，相信读者会喜欢这个控件。

> **说明**
>
> 文本框后的标签是必需的，否则会出现"参数无效"的错误，本任务中使用
，当然也可以使用其他标签，如<div></div>或<p></p>或<span></span>，使用
既简单又符合要求。
>
> 可以对 JS 日历进行定制，"24"是时间格式，也可以设置为"12"，如果两者都没有则不能输入时间，true 表示显示当前月之外的日期。
>
> 使用 JS 日历控件，只要对使用控件进行客户端事件的定义，实现在指定事件时显示 JS 日历控件。
>
> 使用 JS 日历控件的好处是功能丰富、操作智能，光标移到某个位置时，在控件的底行会显示该位置的操作提示信息。

任务 6-8　使用 FCKEditor 编辑器组件实现富文本的输入

需求：

使用 FCKEditor 编辑器控件，设计图 6-10 所示的运行界面用来编辑 HTML 文本，并显示 FCKEditor 编辑器控件中 HTML 文本的值。

分析：

这也是一款在客户端运行的 JS 控件，可以添加文本、表格、图形图像、Flash 动画等多种媒体元素，使用方便、功能强大。

图 6-10　使用 FCKEditor 编辑器组件实现富文本输入的运行界面

实现：

第一步，新建页面。新建文件夹 08，添加一个动态页面，保留默认文件名"Default.aspx"。

第二步，添加 FCKEditor 编辑控件所需资源。在 08 文件夹复制 FCKEditor 编辑控件所需的资源文件，包括控件库 dll、客户端脚本、图像等各种资源，FCKEditor 下载地址为 http://www.oschina.net/9/fckeditor。

第三步，在网站中添加对控件库 dll 的引用。右击网站项目，在弹出的快捷菜单中选择"添加引用/浏览"命令，将 08/FCKEditor/bin 文件夹下的 FredCK.FCKeditorV2.dll 添加到网站项目中，网站项目会自动生成 ASP 系统文件夹 bin 存储该文件。

打开 Default.aspx 文件，切换到源模式，在<html>标签前添加清单 6-25 所示的编码，以引用 FredCK.FCKeditorV2.dll 类库。

清单 6-25　注册 FredCK.FCKeditorV2.dll 类库

```
<%@ Register Assembly="FredCK.FCKeditorV2" Namespace="FredCK.FCKeditorV2" TagPrefix="FCK" %>
```

其作用是：一是指出如何在页面中引用 FredCK.FCKeditorV2.dll 类库和 FredCK.FCKeditorV2 命名空间；二是指出作为控件使用时控件标记前缀 FCK（这个值不是固定的）。

第四步，添加 FCKEditor 控件。编写清单 6-26 所示的代码，实现 FCKEditor 控件的添加。

清单 6-26　添加 FCKEditor 控件

```
<FCK:FCKeditor ID="FCKeditor1" runat="server" Height="300px">
</FCK:FCKeditor>
```

第五步，设计 FCKEditor 控件中显示 HTML 文本的界面。为 FCKEditor 控件中显示输入的 HTML 文本，编写清单 6-27 的代码以添加界面元素。

清单 6-27　FCKEditor 控件中显示 HTML 文本的界面设计

```
<asp:Button ID="Button1" runat="server" OnClick="Button1_Click"
Text="读 Value 属性" Width="95px"/><br/>
    HTML 文本如下：<br/>
<asp:Label ID="Label1" runat="server" Text=""></asp:Label>
```

第六步，编码 FCKEditor 控件中显示 HTML 文本。编写 Button1_Click 事件方法，在 Label1 中显示 FCKEditor 控件中的 HTML 文本内容。代码如清单 6-28 所示。

清单 6-28　单击按钮时在 Label1 中显示 HTML 文本

```
protected void Button1_Click(object sender, EventArgs e)
{
    Label1.Text = FCKeditor1.Value;
}
```

第七步，设置配置文件。在网站根目录的 web.config 文件中，添加应用程序常量设置，代码如清单 6-29 所示。

清单 6-29　web.config 文件中应用程序常量的设置

```
<appSettings>
    <add key="FCKeditor:BasePath" value="~/08/Fckeditor/"/>
    <add key="FCKeditor:UserFilesPath" value="~/08/Upload"/>
</appSettings>
```

第八步，测试页面。浏览页面，使用 FCKEditor 控件界面中的各种控件，设置 HTML 文本，单击按钮，发现页面下显示 HTML 格式文本。至此，本任务已经完成。

> **说明**
>
> 使用 FCKEditor 控件可以在页面后台添加新闻、更新通知、教师出题等方面。
> FCKEditor 控件的 Value 属性值可以保存到数据库。

任务 6-9　实现 DropDownList 控件的有刷新二级联动

需求：

按图 6-11 所示设计运行界面，使用有刷新技术，实现 DropDownList 控件的二级联动的选择。

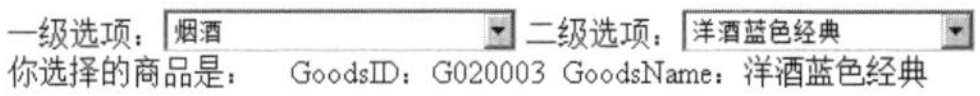

图 6-11　二级联动的 DropDownList 运行界面

分析：

二级联动是指第一级选项变化后，第二级选项集合自动更新。有刷新时，第二级选项集合的自动更新只要在服务器端就可以完成。

实现：

第一步，新建页面。新建文件夹 09，并在其中添加一个动态页面 Default.aspx，并将页面的 title 设置为"有刷新二级联动"。

第二步，设计二级联动的界面。在页面中添加两个 DropDownList 控件，保持默认 ID，设置它们的 AutoPostBack 为“True”，建立后页面如图 6-12 所示。

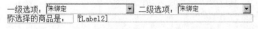

图 6-12　二级联动的 DropDownList 设计界面

第三步，设计选项集合数据源。为了向读者演示如何读取 Excel 文件中的数据，选项集合的数据源选择 Excel 工作表。数据是从 hcitpos.mdf 中复制而来的，数据如图 6-13 所示。

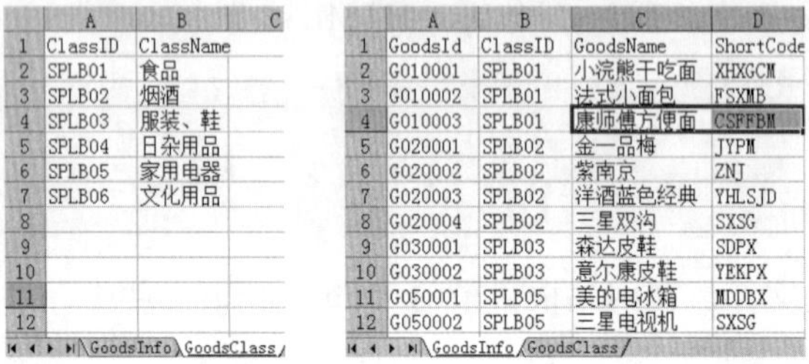

	A	B	C
1	ClassID	ClassName	
2	SPLB01	食品	
3	SPLB02	烟酒	
4	SPLB03	服装、鞋	
5	SPLB04	日杂用品	
6	SPLB05	家用电器	
7	SPLB06	文化用品	
8			
9			
10			
11			
12			

GoodsInfo / GoodsClass

	A	B	C	D
1	GoodsId	ClassID	GoodsName	ShortCode
2	G010001	SPLB01	小浣熊干吃面	XHXGCM
3	G010002	SPLB01	法式小面包	FSXMB
4	G010003	SPLB01	康师傅方便面	CSFFBM
5	G020001	SPLB02	金一品梅	JYPM
6	G020002	SPLB02	紫南京	ZNJ
7	G020003	SPLB02	洋酒蓝色经典	YHLSJD
8	G020004	SPLB02	三星双沟	SXSG
9	G030001	SPLB03	森达皮鞋	SDPX
10	G030002	SPLB03	意尔康皮鞋	YEKPX
11	G050001	SPLB05	美的电冰箱	MDDBX
12	G050002	SPLB05	三星电视机	SXSG

GoodsInfo / GoodsClass

图 6-13　二级联动的数据源——Excel 主键表与外键表

第四步，编写获取数据连接和数据表的方法，代码如清单 6-30 所示。

清单 6-30　获取 Excel 文件的数据连接和数据表的方法定义

```
//获得数据连接对象
private static OleDbConnection GetCon()
{
    string FileName = System.Web.HttpContext.Current.Server.MapPath("Data.xls");
    OleDbConnection con = new OleDbConnection("Provider=Microsoft.Jet.OLEDB.4.0;
    Data Source=" + FileName + ";extended properties=Excel 8.0;");
    return con;
}
//获得数据表对象
public static DataTable GetDT(string sqlcmd)
{
    OleDbConnection con = GetCon();
    OleDbDataAdapter da = new OleDbDataAdapter(sqlcmd, con);
    DataTable dt = new DataTable();
    da.Fill(dt);
    return dt;
}
```

第五步，实现一级列表数据绑定。编写 Page_Load 事件方法和 DropDownList 控件的数据绑定方法，在加载页面时，对一级列表进行列表集合进行数据绑定。代码如清单 6-31 所示。

清单 6-31　加载页面时实现一级列表集合的数据绑定

```
protected void Page_Load(object sender, EventArgs e)
{
    if (!Page.IsPostBack)
    {
        DropDownList1.Items.Clear();
        DropDownList1.AppendDataBoundItems = true;//可以追加数据绑定
        DropDownList1.Items.Add("==请选择商品类别==");
        DataBindDDList(DropDownList1,
```

```
            "select ClassID,ClassName from [GoodsClass$] ");
    }
}
//对 DropDownList 控件进行数据绑定
private void DataBindDDList(DropDownList dropdownlist,string sqlcmd)
{
    DataTable dt = GetDT(sqlcmd);//
    dropdownlist.DataSource = dt;
    dropdownlist.DataTextField = dt.Columns[1].ColumnName;
    dropdownlist.DataValueField = dt.Columns[0].ColumnName;
    dropdownlist.DataBind();
}
```

第六步,编写列表框选项改变事件。两个列表框的 SelectedIndexChanged 事件方法定义见清单 6-32。

清单 6-32　下拉列表选择事件的方法定义

```
protected void DropDownList1_SelectedIndexChanged(object sender, EventArgs e)
{
    DropDownList2.Items.Clear();
    DropDownList2.AppendDataBoundItems = true;//可以追加数据绑定
    DropDownList2.Items.Add("==请选择商品==");
    this.DataBindDDList(DropDownList2,string.Format(
      "select GoodsID,GoodsName from [GoodsInfo$] Where ClassId='{0}'",
      DropDownList1.SelectedValue));
}
protected void DropDownList2_SelectedIndexChanged(object sender, EventArgs e)
{
Label2.Text = "GoodsID: " + DropDownList2.SelectedValue +
    "  GoodsName: "+DropDownList2.SelectedItem.Text;
}
```

第七步,测试页面。浏览页面,选择一级列表,则二级列表被刷新;选择二级列表,选择信息将被更新。至此,本任务已经完成。

> **说明**
>
> 编写获取数据连接和数据表的两个方法是为了提高代码可重用性,要进一步提高代码可重用性则可以新建文件,这样其他文件也可以按类的方式引用它。
>
> 为使用 OleDbConnection、OleDbDataAdapter 必须用 "using System.Data.OleDb" 语句导入 OleDb 数据库的命名空间。
>
> 在进行选择时会看到状态刷新的过程,下一个任务则用 AJAX 技术消除这一现象。

任务 6-10　实现 DropDownList 控件的无刷新二级联动

需求:

使用无刷新实现 DropDownList 控件的二级联动的选择。

分析：

使用有刷新的二级联动，虽然简单，但不自然。无刷新时，第二级选项集合自动更新过程是将更新数据发送到客户端并在客户端完成的，它使用了 AJAX 技术。将数据查询放在服务器端，通过一个不带任何标签的空页面，在 Page_Load 执行数据查询，将查询结果以字符串格式用 Response.Write（响应文本）方法发送到客户端，在客户端将响应数据加入到二级下拉列表框中。

实现：

第一步，新建页面。新建文件夹 10，在其中添加 Default.aspx 页面，将任务 6-9 中的 Default.aspx 元素复制到该文件夹中，删除每个 DropDownList 控件的 OnSelectedIndexChanged 属性设置。

第二步，添加数据库操作类。新建一个类文件 OledbHelper.cs 以获得数据表，并对下拉列表类控件进行数据绑定。代码如清单 6-33 所示。

清单 6-33　建立新类 OledbHelper 操作数据库

```
//导入其他命名空间（略）
using System.Data.OleDb;//导入 OleDb 数据库的命名空间

/// <summary>
/// OledbHelper 的摘要说明
/// </summary>
public class OledbHelper
{
public OledbHelper()
{
    //
    // TODO: 在此处添加构造函数逻辑
    //
}

    //获得数据连接对象
    private static OleDbConnection GetCon()
    {
        string FileName =
        System.Web.HttpContext.Current.Server.MapPath("Data.xls");
        OleDbConnection con = new OleDbConnection("Provider=Microsoft.Jet.
        OLEDB.4.0;Data Source="+ FileName + ";extended properties=
        Excel 8.0;");
        return con;
    }
    //获得数据表对象
    public static DataTable GetDT(string sqlcmd)
    {
        OleDbConnection con = GetCon();
        OleDbDataAdapter da = new OleDbDataAdapter(sqlcmd, con);
        DataTable dt = new DataTable();
        da.Fill(dt);
```

```
        return dt;
    }

    //对 DropDownList 控件进行数据绑定
    public static void DataBindDDList(DropDownList dropdownlist, string sqlcmd)
    {
        DataTable dt = GetDT(sqlcmd);
        dropdownlist.DataSource = dt;
        dropdownlist.DataTextField = dt.Columns[1].ColumnName;
        dropdownlist.DataValueField = dt.Columns[0].ColumnName;
        dropdownlist.DataBind();
    }
}
```

第三步，编写动态页面加载事件方法。在 Default.aspx.cs 中编写 Page_Load 方法，完成一级选项集合数据源设置和选项变化客户端事件的属性设置。代码见清单 6-34。

清单 6-34　一级选项集合数据源设置和选项变化客户端事件的属性设置

```
protected void Page_Load(object sender, EventArgs e)
{
    if (!Page.IsPostBack)
    {
        DropDownList1.Items.Clear();
        DropDownList1.AppendDataBoundItems = true;//可以追加数据绑定
        DropDownList1.Items.Add("==请选择商品类别==");
        OledbHelper.DataBindDDList(DropDownList1,
         "select ClassID,ClassName from [GoodsClass$] ");
        DropDownList1.Attributes.Add("OnChange",
         "return DropDownList1_SelectedIndexChanged()");
        DropDownList2.Attributes.Add("OnChange",
         "return DropDownList2_SelectedIndexChanged()");
    }
}
```

第四步，新建一个 GetData.aspx 页面。该页面完成数据查询任务，界面中没有任何标签。只需编写 Page_Load 事件方法，执行数据查询后将数据以一定格式，用 Response.Write()方法写入 Default.aspx 中。代码见清单 6-35。

清单 6-35　动态页面二级选项集合数据查询

```
protected void Page_Load(object sender, EventArgs e)
{
if (Request.QueryString["ClassID"] != null &&
    Request.QueryString["ClassID"].Trim().Length != 0)
    {
        string sqlcmd =string.Format(
        "select GoodsID,GoodsName from [GoodsInfo$] where ClassID='{0}'",
            Request.QueryString["ClassID"].Trim());
        DataTable dt = OledbHelper.GetDT(sqlcmd);
        string response = "";
```

```csharp
        for (int i = 0; i < dt.Rows.Count; i++)
        {
            response += dt.Rows[i][0].ToString() + "," +
                dt.Rows[i][1].ToString() + ";";
        }
        Response.Write(response);
    }
}
```

第五步,编写客户端列表选项变化和提交事件处理函数。代码如清单6-36所示。

清单6-36 客户端列表选项变化和提交事件处理函数

```javascript
<script type="text/JavaScript">
var xmlhttp; //定义变量,存储Microsoft.XMLHTTP类型对象
// DropDownList1 选项变化事件处理方法
function DropDownList1_SelectedIndexChanged()
{
    //得到一级列表选项值
    var selectValue=document.getElementById("DropDownList1").value;
    //新建一个Microsoft.XMLHTTP类型对象
    xmlhttp=new ActiveXObject("Microsoft.XMLHTTP");
    //设置将一级列表选项值异步发送到GetDownList.aspx,请求得到二级列表数据
    xmlhttp.open("GET","GetData.aspx?ClassID="+selectValue+"",true);
    //设置请求响应时的回调函数
    xmlhttp.onreadystatechange =DropDownList2_DataBind;
    //发送异步请求
    xmlhttp.Send(null);
}

//通过客户端的回调函数实现对DropDownList2进行数据绑定
function DropDownList2_DataBind()
{
    if(xmlhttp.readystate==4)//已经加载
    {
        if(xmlhttp.status==200)//且返回成功
        {
          var DropDownList2=document.getElementById("DropDownList2")
          DropDownList2.options.length=0;
          DropDownList2.options.add(new Option("==请选择商品==",
          document.getElementById("DropDownList1").value));
          if(xmlhttp.ResponseText.indexOf(";")>0)
          {
              var data=xmlhttp.ResponseText.
                substring(0,xmlhttp.ResponseText.length-1).split(";");
              for(var i=0;i<data.length;i++)
              {
                  var cols=data[i].split(",");
                  DropDownList2.options.add(new Option(cols[1],cols[0]));
              }
```

```
            }
        }
    }
    // DropDownList2 选项变化事件处理方法
    function DropDownList2_SelectedIndexChanged()
    {
        //得到二级列表选项值
        var DropDownList2=document.getElementById("DropDownList2")
        var selectValue=DropDownList2.value;
        var selectText=DropDownList2.
            options[DropDownList2.selectedIndex].innerText;
        var Label2=document.getElementById("Label2");
        Label2.innerText= "GoodsID:" + selectValue + "  GoodsName:"+selectText;
    }
    </script>
```

第六步，测试页面。浏览页面，改变每个下拉列表选项，用户不会感觉有服务器端参与其中。其实，一级列表选项改变时，服务器端完成了查询任务，只是客户端异步等待（不是同步那样一直等待）并回发数据。使用户就像使用 Winform 应用程序的感觉。至此，本任务已经完成。

说明

Select 查询语句的第一列为选项 value 值列，第二列为选项 text 文本列。查询结果的记录数据格式为“值列，文本列”，客户端与服务器端应统一遵守。

在使用 AJAX 技术时，提交选择是通过调用客户端的 ActiveXObject("Microsoft.XMLHTTP") 对象的 Send 方法实现的，不需要服务器端的列表选择事件。

本任务中，通用类 OledbHelper.cs 必须按提示存入网站的 App_Code 系统文件夹下，否则不能被其他页面引用。

通用类 OledbHelper.cs 对外公开的方法使用了 static 静态方法，可以通过类名.静态方法名调用。

通过客户端的回调函数接收服务器 GetData.aspx 页面发回的查询数据，在客户端完成对 DropDownList2 进行数据绑定。

DropDownList2 选项变化事件处理方法不涉及服务器端，只需在客户端就可获得选项信息。

读者通过本任务和上一任务的比较，会认识到使用 AJAX 技术的优点。

任务 6-11 使用 TreeView 控件实现树形菜单

需求：

从数据库中读出数据表 Menu 中的数据，以树视图 TreeView 服务器控件形式显示树形菜单，如图 6-14 所示。

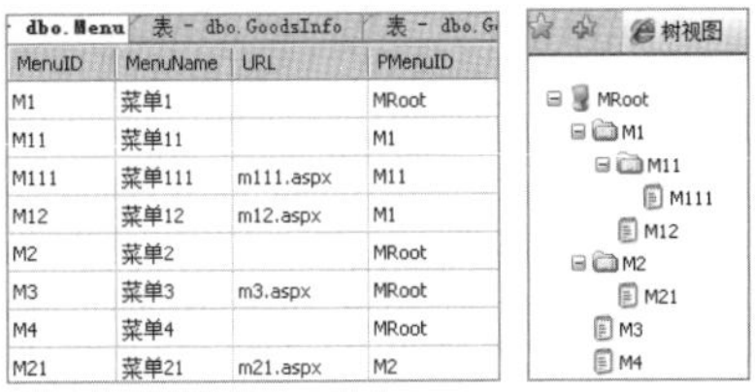

MenuID	MenuName	URL	PMenuID
M1	菜单1		MRoot
M11	菜单11		M1
M111	菜单111	m111.aspx	M11
M12	菜单12	m12.aspx	M1
M2	菜单2		MRoot
M3	菜单3	m3.aspx	MRoot
M4	菜单4		MRoot
M21	菜单21	m21.aspx	M2

图 6-14　树形菜单数据表与运行界

分析：

数据表 Menu 中的数据是有关联的，即 MenuID 是主键列，PMenuID 是外键列。外键列 PMenuID 的取值只能是主键列 MenuID 中出现过的值。读取数据表全部数据，以 TreeNode 树结点的形式存储数据表中的记录，用树结点 TreeNode 的子结点集合 ChildNodes 存储的所有 PMenuID 相同的所有结点。建立哈希表集合对象，用于根据 MenuID 键值查找其结点对象。

实现：

第一步，新建页面。新建文件夹 11，在此文件夹下添加动态页面 Default.aspx，设置页面标题 title 为"树视图"，并在页面中添加服务器端树视图控件 TreeView（它位于工具箱"导航"选项卡内），设置自动套用格式为"XP 资源管理器"样式。

第二步，编写建立树结点的方法。从数据表读取数据，建立树结点，其方法 GetTreeFromTable 的定义见清单 6-37。

清单 6-37　从数据表读取数据，建立树结点的方法定义

```
private TreeNode GetTreeFromTable()
{
    SqlConnection conn = new SqlConnection(ConfigurationManager.ConnectionStrings
    ["hcitposConnectionString1"].ConnectionString);
    DataSet ds = new DataSet();
    SqlDataAdapter adp = new SqlDataAdapter("select * from menu", conn);
    adp.Fill(ds);
    //添加表中主外键关系
    ds.Relations.Add(ds.Tables[0].Columns["MenuID"],
    ds.Tables[0].Columns["PMenuID"]);
    //建立哈希表存储以 MenuID 为键值的各结点
    Hashtable ht = new Hashtable();
    TreeNode root=null;

    foreach (DataRow row in ds.Tables[0].Rows)
    {
        if (ht[row["PMenuID"].ToString()] == null)//父结点不存在
        {
            ht[row["PMenuID"].ToString()] = new TreeNode
            (row["PMenuID"].ToString(),row["URL"].ToString());//(文本，值)
        }
        if (ht[row["MenuID"].ToString()] == null)//本结点不存在
        {
            ht[row["MenuID"].ToString()] = new TreeNode
            (row["MenuID"].ToString(),row["URL"].ToString());//(文本，值)
        }
        if (row["MenuID"].ToString() == "MRoot")//如果是根结点
        {
            root = ht["MRoot"] as TreeNode;
        }
        else//如果不是根结点
        {
            (ht[row["PMenuID"].ToString()] as TreeNode).ChildNodes.Add(
                ht[row["MenuID"].ToString()] as TreeNode);
        }
```

```
    }
    return root;
}
```

第三步，编写页面加载事件方法。Page_Load 中设置在树视图中加载由 GetTreeFromTable 方法产生的树根结点。代码如清单 6-38 所示。

清单 6-38　调用 GetTreeFromTable 方法产生的树根及其后继结点

```
protected void Page_Load(object sender, EventArgs e)
{
    if (!IsPostBack)
    {
        TreeView1.Nodes.Add(GetTreeFromTable());
    }
}
```

第四步，编写树视图选项结点改变事件方法。该事件实现将树视图当成多级菜单使用，单击树视图中叶子结点，立即导航到结点 Value 属性存储的 URL 页面，树视图选项结点改变事件方法 TreeView1_SelectedNodeChanged 定义如清单 6-39 所示。

清单 6-39　树视图结点选择事件的方法定义

```
protected void TreeView1_SelectedNodeChanged(object sender, EventArgs e)
{
    if (TreeView1.SelectedNode != null)
        Response.Redirect(TreeView1.SelectedNode.Value);
}
```

第五步，测试页面。运行程序，页面显示按数据表中数据显示出相应的树视图，并能实现导航。

> **说明**
>
> 每个树结点都包含显示 Text 文本属性和用于导航的 Value 值属性。
>
> 哈希表元素存储对树结点的引用，但引用类型被转换成 Object，在读取哈希表元素后应使用 as TreeNode 将它还原后再作为树结点对象去使用。
>
> 如果要读取具有树结构的 XML 文件，可以用 XmlDocument 类型对象，读取其中数据，采用递归方法生成树结点。代码见清单 6-40。

清单 6-40　读取 XML 文件数据生成树结点递归方法定义

```
/// <summary>
/// 由 xml 文件产生 TreeView 控件所需的树
/// </summary>
/// <param name="xmlfile">xml 文件名</param>
/// <returns></returns>
private TreeNode GetTreeFromXML(string xmlfile)
{
    //利用 XmlDocument 对象读取 xml 文件
    XmlDocument xmldoc = new XmlDocument();
    xmldoc.Load(Server.MapPath(xmlfile));//加载 XML 文件
```

```
    //读取 XmlDocument 根结点
    XmlElement xml = xmldoc.DocumentElement;
    //产生树的根结点
TreeNode tn = new TreeNode
    (xml.Attributes != null ? xml.Attributes[0].Value : "", "");
    //递归遍历结点
    return GetTreeFromXML(xml, tn);//递归获取结点
}

/// <summary>
/// //递归遍历结点
/// </summary>
/// <param name="xmlnode">当前 xml 文件中的结点</param>
/// <param name="tn">treeview 中当前结点</param>
private TreeNode GetTreeFromXML(XmlNode xmlnd, TreeNode tn)
{
    //获取当前结点下的所有结点
    XmlNodeList xmlnl = xmlnd.ChildNodes;
    TreeNode tn_nodes = null;
    foreach (XmlNode xmlnode in xmlnl)
    {
        if (xmlnode.ChildNodes.Count > 1) //
        {
            tn_nodes = new TreeNode();
            tn_nodes.Text =xmlnode.FirstChild.InnerText;
            tn.ChildNodes.Add(tn_nodes);
            tn_nodes.Value = xmlnode.FirstChild.Attributes!= null ?
            xmlnode.FirstChild.Attributes["link"].Value : "";
            GetTreeFromXML(xmlnode, tn_nodes);//递归获取结点
        }
        else if (xmlnode.ChildNodes.Count == 1) //#text 结点的双亲
        {
            tn_nodes = new TreeNode();
            tn_nodes.Text = xmlnode.FirstChild.InnerText;
            tn_nodes.Value =
            xmlnode.Attributes!=null?xmlnode.Attributes["link"].Value:"";
            tn.ChildNodes.Add(tn_nodes);
        }
    }
    return tn;
}
```

如果需要将 xml 中某元素属性值作为树结点的值，属性存储可在 xmlnode.Attributes 不空时，用表达式 xmlnode.Attributes["属性名"].Value 读取该元素指定属性的值。图 6-15 给出一个树形结构的导航菜单，在清单 6-41 中列举了与此对应的 XML 文件定义，其中部分元素含有"link"属性。

图 6-15　XML 文档对应树形菜单

清单6-41　XML文件

```xml
<?xml version="1.0" encoding="utf-8" ?>
<Web Title="著名网站">
    <Name>
        电子商务类
        <WebSite link="http://www.taopao.com">淘宝网</WebSite>
    </Name>
    <Name>
        搜索引擎类
        <WebSite link="http://www.sina.com">新浪</WebSite>
        <WebSite link="http://www.baidu.com">百度</WebSite>
    </Name>
</Web>
```

编写Page_Load事件方法，实现TreeView控件数据设置，代码如清单6-42所示。

清单6-42　调用GetTreeFromXML方法产生树根及其后继结点

```csharp
protected void Page_Load(object sender, EventArgs e)
{
    if (!IsPostBack)
    {
        TreeView1.Nodes.Add(GetTreeFromXML("xmlfile.xml"));
    }
}
```

单元 7

数据导出与打印

本单元要点

- 水晶报表数据源建立
- 水晶报表界面设计
- 水晶报表图表设计
- 数据导出
- GDI+服务器端图形绘制
- VML 客户端图形绘制
- 使用第三方组件输出图表

任务 7-1　使用 Crystal Reports 实现数据集单表查询数据输出

需求：

使用 Crystal Reports（又称水晶报表）输出只含单个数据表 ASP.NET 数据集的记录。

分析：

ASP.NET 可以在数据集文件中方便地设计 ASP.NET 数据集结构。

实现：

第一步，新建支持水晶报表的网站。新建网站项目 chap07，按图 7-1 所示选择网站模板，以实现对水晶报表支持。

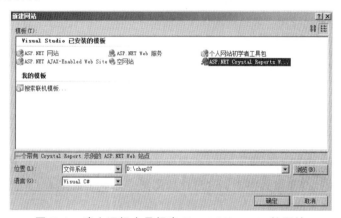

图 7-1　建立运行水晶报表 Crystal Reports 的网站

此时，VS 2013 自动设置支持水晶报表的配置文件 web.config，并在网站根目录下添加了动态页面 default.aspx 用于显示水晶报表，以及报表设计文件 CrystalReport1.rpt 用于布局水晶报表。VS 2013 中 CrystalReport1.rpt 设计界面的布局如图 7-2 所示。

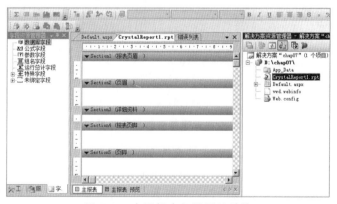

图 7-2　水晶报表初始设计结构

default.aspx 页面中自动添加了两个控件 CR:CrystalReportViewer 和 CR:CrystalReportSource，前者用来显示报表的报表视图，后者包含报表设计文件的报表源，报表视图、报表设计文件和报表源三者之间的关系由页面源代码可以看出。代码如清单 7-1 所示。

清单 7-1　支持水晶报表的页面控件及其属性设置

```
<CR:CrystalReportViewer ID="CrystalReportViewer1" runat="server"
    AutoDataBind="True" Height="1039px"
    ReportSourceID="CrystalReport Source1" Width="901px" />
<CR:CrystalReportSource ID="CrystalReportSource1" runat="server">
    <Report FileName="CrystalReport1.rpt">
    </Report>
</CR:CrystalReportSource>
```

第二步，将本任务的文件放入 01 文件夹中。新建文件夹 01，将 default.aspx 和 CrystalReport1.rpt 移入其中，设置页面标题为"使用水晶报表输出 ASP.NET 数据集（单表记录）"。

第三步，在 web.config 文件中配置数据连接。拖放一个数据表到 default.aspx 页面中，在 web.config 文件的 connectionStrings 属性中将自动产生代码，将"pwd=123"添加到"User ID=sa"后面，产生清单 7-2 所示代码。删除因拖放在页面中产生的控件（GridView 控件和 Sql DataSource 控件）。

清单 7-2　访问 SQL Server 数据库的连接串

```
<add name="hcitposConnectionString1"
    connectionString="Data Source=guan-pc;Initial Catalog=hcitpos;
    User ID=sa;pwd=123"
    providerName="System.Data.SqlClient" />
```

第四步，购物数据报表设计。添加新项数据集，将"服务器资源管理器"中的数据表 PurchaseInfo 拖放到数据集设计器中，这时在数据集中生成了数据表，如图 7-3 所示。每个数据表中都包含设计报表的结构（表）与得到数据的查询（适配器）两部分，保存项目。

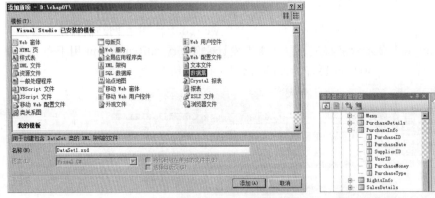

图 7-3　服务器资源管理器中数据表与数据集中数据表

第五步，选择项目数据。打开报表设计文件 CrystalReport1.rpt，在"字段资源管理器"视图，选择"数据库字段""数据库专家"菜单，弹出"数据库专家"对话框，按图 7-4 所示选择 ASP.NET 数据集作为报表数据源结构，这时数据源结构 DataSet1 被加载到"ADO.NET 数据集"中。（如果看不到 PurchaseInfo，则检查是否保存了数据集，是否刷新了数据集）。将选中的数据表 PurchaseInfo 从左侧添加右侧列表中后，这时在"字段资源管理器"中将显示图 7-5 所示的数据库字段。

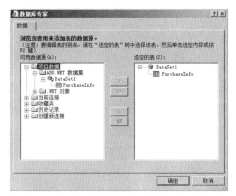

图 7-4 设置报表项目的数据源类型

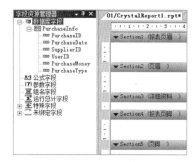

图 7-5 字段资源管理器

第六步,添加字段。按图 7-6 所示将数据库部分字段拖放到"Section3(详细资料)"的适当位置,这时在页眉部分有字段名,并带有下画线(表示可以排序),双击字段名将它们改为相应的中文文本。

图 7-6 水晶报表设计界面

单击"主报表 预览"按钮,切换到主报表预览视图,显示图 7-7 所示的水晶报表预览界面,它表现了报表的真实效果,类型与实际字段一致,只是数据是虚构的。

第七步,调整各行的高度。单击"主报表",切换到主报表设计视图,将光标移到"Section4(报表页脚)",当光标变成"上下"光标时单击,将"Section3(详细资料)"行高调整到适当高度。

第八步,设置报表页眉。将报表页眉文本设置为"购物报表",在报表设计模式下,选择图 7-8 所示的报表"工具箱",拖放"文本对象"到"Section1(报表页眉)"的适当位置,双击"文本对象"输入"购物报表"文本,并设置字体属性。如果需要画线,则使用"线条对象"或"框对象"画线。

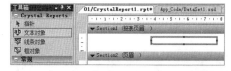

图 7-7 水晶报表预览界面　　　　图 7-8 水晶报表设计器的"工具箱"

第九步,添加打印日期。在报表设计模式下,选择报表"字段资源管理器",弹开"特殊字段",拖放"打印日期"到"Section1(报表页眉)"的适当位置。

第十步,加载报表的数据源。打开动态页面 default.aspx 的代码编辑器窗口,导入必要的命名空间,在 Page_Load 事件方法中完成报表数据源的加载。Page_Load 事件方法见清单 7-3。

清单 7-3　报表数据源的加载

```
//部分命名空间导入(略)
using CrystalDecisions.Shared;
using CrystalDecisions.CrystalReports.Engine;
```

```csharp
using CrystalDecisions.Web;

using System.Data.SqlClient;
using DataSet1TableAdapters;
public partial class _Default : System.Web.UI.Page
{
    protected void Page_Load(object sender, EventArgs e)
    {
        //建立数据集实例对象
        DataSet1 ds1 = new DataSet1();
        //建立数据适配器对象
        PurchaseInfoTableAdapter adp = new PurchaseInfoTableAdapter();
        //用数据适配器对象填充数据集里的数据表
        adp.Fill(ds1.PurchaseInfo);
        //设置报表源中报表设计文档的数据源
        CrystalReportSource1.ReportDocument.SetDataSource(ds1);
    }
}
```

第十一步，测试页面。浏览页面会看到图 7-9 所示的报表界面。至此，本任务已经完成。

图 7-9　水晶报表运行界面

说明

　　定义数据集就是定义所使用的数据表的记录结构，并无记录数据。
　　DataSet1 是一个类，其中可以包含数据表 DataTable 派生类、数据适配器 DataAdapter 的派生类和 DataRelation 派生类。如果需要显示用户名，则涉及多表查询，多表之间存在关联。

任务 7-2　使用 Crystal Reports 实现数据集多表关联数据输出

需求：

　　在任务 7-1 的基础上修改，"用户 ID"改为"用户名"，"购物类型 ID"改为"购物类型"，如图 7-10 所示。

分析：

　　本任务的数据集应包含三个表，即在上一个任务的基础上再添加 UsersInfo 表和 SalesType 表，并建立表间关联。

单元7 | 数据导出与打印

图 7-10　多表关联水晶报表运行界面

实现：

第一步，添加页面。新建文件夹 02，将文件夹 01 下的所有文件复制到文件夹 02 中，添加动态页面 default.aspx，设置页面标题为"使用水晶报表输出 ASP.NET 数据集（多表关联）"。

第二步，创建报表所需数据集。将销售类型 SalesType 表和用户信息 UsersInfo 表拖放到文件夹 02 的 DataSet1.xsd 设计器中，如图 7-11 所示，将这两个表的主键拖放到 PurchaseInfo 表中，设置相应的主外键，形成图 7-12 所示的多表关联。

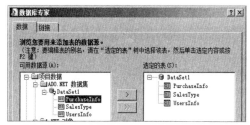

图 7-11　多表关联的水晶报表的数据源

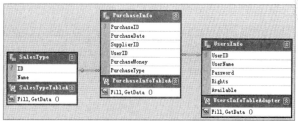

图 7-12　数据集中多表关联

第三步，选择数据表。打开报表设计文件 CrystalReport1.rpt，在"字段资源管理器"视图中选择"数据库字段""数据库专家"菜单，弹出"数据库专家"对话框，将另外两个表添加到数据库字段中报表数据源结构，这时数据源结构被加载到"数据库字段"中。（如果看不到 PurchaseInfo，则检查是否保存了数据集，是否刷新了数据集）。

第四步，设计水晶报表。删除 UserID 列和 PurchaseType 列，将数据表 UsersInfo 中用户名 UserName 字段和 SalesType 表中 Name 字段拖放到"Section3（详细资料）"的原 UserID 列和 PurchaseType 列的位置，将页眉字段标题文本改为相应中文，结果如图 7-13 所示。

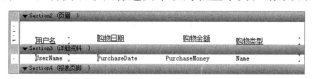

图 7-13　多表关联水晶报表设计界面

第五步，加载报表的数据源。与任务 7-1 相似，打开动态页面 default.aspx 的代码编辑器窗口，导入必要的命名空间，在 Page_Load 事件方法中完成三个数据表数据的加载。代码见清单 7-4。

清单 7-4　数据表数据源的加载

```
//部分命名空间导入（略）
using CrystalDecisions.Shared;
using CrystalDecisions.CrystalReports.Engine;
```

165

```
using CrystalDecisions.Web;
using System.Data.SqlClient;
using DataSet1TableAdapters;
public partial class _Default : System.Web.UI.Page
{
    protected void Page_Load(object sender, EventArgs e)
    {
        //建立数据集实例对象
        DataSet1 ds1 = new DataSet1();
        //建立数据适配器对象
        PurchaseInfoTableAdapter adp1 = new PurchaseInfoTableAdapter();
        UsersInfoTableAdapter adp2 = new UsersInfoTableAdapter();
        SalesTypeTableAdapter adp3 = new SalesTypeTableAdapter();
        //用数据适配器对象填充数据集里的数据表
        adp1.Fill(ds1.PurchaseInfo);
        adp2.Fill(ds1.UsersInfo);
        adp3.Fill(ds1.SalesType);
        //设置报表源中报表设计文档的数据源
        CrystalReportSource1.ReportDocument.SetDataSource(ds1);
    }
}
```

第六步，测试页面。浏览页面会看到正是需求中列出的报表界面。至此，本任务已经完成。

> **说明**
> 设置表间关系在数据集文件中是非常简单的，只要用鼠标操作即可。
> 加载的数据来自于三个表，表间由外键表 PurchaseInfo 中外键字段到主键表中通过相同的主键值查询另一个字段。

任务 7-3　使用 Crystal Reports 实现数据集多表查询数据输出

需求：

按图 7-14 所示设计运行界面，使用水晶报表输出含有多个数据表查询的 ASP.NET 数据集。

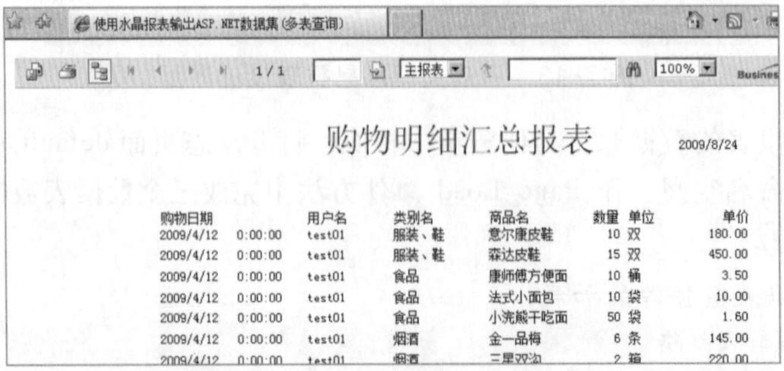

图 7-14　多表查询水晶报表运行界面

分析：

通过查询生成器方便地构造出查询语句，由此产生涉及多表的数据集。

实现：

第一步，添加页面。新建文件夹 03。将文件夹 02 中的所有文件复制到新建文件夹中。将文件夹 03 下的 Default.aspx 页面的标题设置为"使用水晶报表输出 ASP.NET 数据集（多表查询）"。

第二步创建报表所需数据集。添加名为 DataSet2.xsd 的数据集文件，在数据集设计模式下，添加一个名为 PurchaseInfo 的数据表，并配置其数据链接与数据查询，图 7-15 所示是通过 VS 2013 中的"查询生成器"对话框，选取多个数据表的部分字段，并设置了排序字段，通过"执行查询"按钮查看由此得到的数据记录。单击"确定"按钮，得到图 7-16 所示的多表查询数据表。

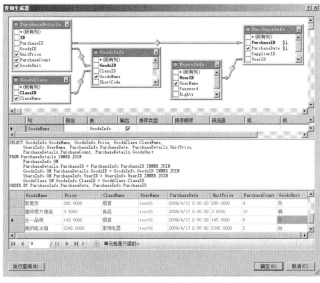 

图 7-15 "查询生成器"对话框　　　　　图 7-16 多表查询数据表

如果需要修改数据查询，则在"数据集设计器"中右击某数据表适配器标题，在弹出的快捷菜单中选择"配置"命令，弹出图 7-17 所示的对话框，直接修改或进入查询生成器修改。

图 7-17 数据表适配器的配置

第三步，选择报表所需数据源。打开文件夹 03 中的报表设计文件 CrystalReport1.rpt，在"字段资源管理器"视图中选择"数据库字段""数据库专家"菜单，弹出"数据库专家"对话框，用 DataSet2 中的 PurchaseInfo 数据表作为报表数据源结构。

第四步，按图 7-18 所示的界面设计报表文件。

第五步，编写页面加载事件方法。编写动态页面 Default.aspx 的 Page_Load 事件方法，将 DataSet2.xsd 定义的数据源加载到报表文档中。代码见清单 7-5。

图 7-18　多表查询水晶报表设计界面

清单 7-5　报表数据源的加载

```
//部分命名空间导入（略）
using CrystalDecisions.Shared;
using CrystalDecisions.CrystalReports.Engine;
using CrystalDecisions.Web;

using System.Data.SqlClient;
using DataSet2TableAdapters;

public partial class _Default : System.Web.UI.Page
{
    protected void Page_Load(object sender, EventArgs e)
    {
        //建立数据集实例对象
        DataSet2 ds1 = new DataSet2();
        //建立数据适配器对象
        PurchaseInfoTableAdapter adp1 = new PurchaseInfoTableAdapter();
        //用数据适配器对象填充数据集里的数据表
        adp1.Fill(ds1.PurchaseInfo);
        //设置报表源中报表设计文档的数据源
        CrystalReportSource1.ReportDocument.SetDataSource(ds1);
    }
}
```

第六步，测试页面。浏览页面得到本任务所需报表。

说明

本任务中单独定义了 DataSet2.xsd 数据集，当然也可以在同一个数据集里定义表示结构与查询的多个数据表。

任务 7-4　使用 Crystal Reports 实现统计图表的输出

需求：

按图 7-19 所示设计运行界面，根据多表查询的数据产生分组统计图表。

分析：

在已有的数据报表中添加分组统计的组对象，这是本任务的关键。

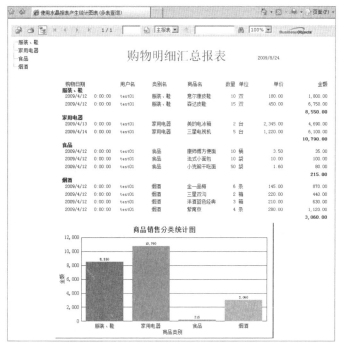

图 7-19 带有统计图表的水晶报表运行界面

实现：

第一步，添加页面。新建文件夹 04，复制文件夹 03 中的所有文件。将文件夹 04 中的动态页面 Default.aspx 的标题设置为"使用水晶报表产生统计图表（多表查询）"。

第二步，新建公式字段。右击"字段资源管理器"中的"公式字段"，在弹出的快捷菜单中选择"新建"命令，为公式字段命名为"Money"，单击"使用编辑器"按钮，弹出图 7-20 所示的"公式工作室-公式编辑"对话框，双击所需字段和运算符，得到 Money 公式字段的计算表达式（也可以直接输入）。

图 7-20 水晶报表字段公式编辑器

第三步，引用公式字段。打开报表设计器，在已有报表的右侧添加 Money 公式字段。

第四步，插入汇总字段。单击工具栏中的汇总按钮 Σ，在弹出的"插入汇总"对话框中，按图 7-21 所示选择汇总字段为"x-1 Money"，插入分组选择商品类别"PurchaseInfo.ClassName"。关闭"插入汇总"对话框，这时报表设计器增加了图 7-22 所示的用于分组的组页眉和组页脚两个节。

图 7-21　插入分组汇总字段

图 7-22　分组汇总水晶报表设计界面

延用上一任务上的 Page_Load 事件方法获取数据。浏览页面，可以看到分组统计数据。

第五步，在报表设计中增加图表。单击"工具栏"图表按钮""，在不做任何修改的情况下，系统根据当前的分组情况，产生图 7-23 所示的统计图表。

第六步，设置图表的属性。右击图表，选择"图表选项""标题"命令，弹出图 7-24 所示的"标题"对话框，重新设置其标题属性值。

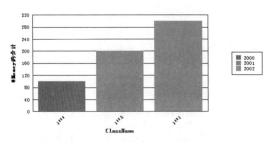
图 7-23　水晶报表统计图表初始状态

图 7-24　水晶报表标题设置

右击图表，选择"图表选项""常规"命令，弹出"图表选项"对话框，在"显示状态"选项卡中取消"图例"选项，增加"数据标签"选项，在"数据标签"选项卡中，将"标签位置"设置为外径最大值。

右击图表，选择"图表专家"命令，弹出"图表专家"对话框，在"文本"选项卡中分别设置"组标题""数据标题""组标签""数据标签"的字体为常规 10 磅宋体。在"数据"选项卡中，选择"页脚"选项，将图表放在报表尾部。

第七步，浏览页面。至此，本任务已经完成。

> **说明**
> 数据集的设计是报表设计的重点，数据查询又是数据集设计的基础。

任务 7-5　使用.NET 对象作为数据源设计 Crystal Reports

需求：

使用.NET 集合对象作为数据源，设计水晶报表。

分析：

使用三层结构（表现层页面类、业务层类和数据访问层类），组织代码；使用描述记录结构的实体类在三层结构之间传递数据。将除表现层以外的部分定义在 App_Code 中，为此定义三个文件夹 Model、BLL 和 DAL 分别存储实体类、业务层类和数据访问层类。

实现：

第一步，添加页面。新建文件夹 05，添加动态页面 Default.aspx，设置标题为"使用.NET 对象作为数据源设计水晶报表"。

第二步，新建.NET 集合对象数据源。在 App_Code 文件夹中新建三个文件夹 Model、BLL 和 DAL，将支持 SQL Server 数据库操作的通用类 SqlHelper.cs 复制到 DAL 中。

在 Model 中新建一个实体类 PurchaseInfo.cs，该类只包含字段，字段类型对应于数据表 PurchaseInfo。代码如清单 7-6 所示。

清单 7-6　报表所用实体类的定义

```csharp
using System;
namespace Model
{
[Serializable]
public class PurchaseInfo
{
    public PurchaseInfo()
    {}
    private string _purchaseid;
    private DateTime _purchasedate;
    private string _supplierid;
    private string _userid;
    private decimal _purchasemoney;
    private int _purchasetype;

    public string PurchaseID
    {
        set{ _purchaseid=value;}
        get{return _purchaseid;}
    }

    public DateTime PurchaseDate
    {
        set{ _purchasedate=value;}
        get{return _purchasedate;}
    }

    public string SupplierID
    {
        set{ _supplierid=value;}
        get{return _supplierid;}
    }
```

```
    public string UserID
    {
        set{ _userid=value;}
        get{return _userid;}
    }

    public decimal PurchaseMoney
    {
        set{ _purchasemoney=value;}
        get{return _purchasemoney;}
    }

    public int PurchaseType
    {
        set{ _purchasetype=value;}
        get{return _purchasetype;}
    }
}
}
```

在 BLL 文件夹中新建一个类文件 PurchaseInfo.cs，本任务中只需获得数据（GetModelList），因此，只列出与此相关的部分。代码见清单 7-7。

清单 7-7 报表所用 BLL 层

```
using System;
using System.Data;
using System.Collections.Generic;
using Model;
namespace BLL
{
public class PurchaseInfo
{
    private readonly DAL.PurchaseInfo dal=new DAL.PurchaseInfo();
    public PurchaseInfo()
    {}
    /// <summary>
    /// 获得数据列表
    /// </summary>
    public List<Model.PurchaseInfo> GetModelList(string strWhere)
    {
        DataSet ds = dal.GetList(strWhere);
        return DataTableToList(ds.Tables[0]);
    }
    /// <summary>
    /// 获得数据列表
    /// </summary>
    public List<Model.PurchaseInfo> DataTableToList(DataTable dt)
    {
        List<Model.PurchaseInfo> modelList = new List<Model.PurchaseInfo>();
        int rowsCount = dt.Rows.Count;
```

```
            if (rowsCount > 0)
            {
                Model.PurchaseInfo model;
                for (int n = 0; n < rowsCount; n++)
                {
                    model = new Model.PurchaseInfo();
                    model.PurchaseID=dt.Rows[n]["PurchaseID"].ToString();
                    if(dt.Rows[n]["PurchaseDate"].ToString()!="")
                    {
                      model.PurchaseDate=
                         DateTime.Parse(dt.Rows[n]["PurchaseDate"].ToString());
                    }
                    model.SupplierID=dt.Rows[n]["SupplierID"].ToString();
                    model.UserID=dt.Rows[n]["UserID"].ToString();
                    if(dt.Rows[n]["PurchaseMoney"].ToString()!="")
                    {
                      model.PurchaseMoney=
                         decimal.Parse(dt.Rows[n]["PurchaseMoney"].ToString());
                    }
                    if(dt.Rows[n]["PurchaseType"].ToString()!="")
                    {
                      model.PurchaseType=
                         int.Parse(dt.Rows[n]["PurchaseType"].ToString());
                    }
                    modelList.Add(model);
                }
            }
            return modelList;
        }
    }
}
```

在 DAL 文件夹中新建一个类文件 PurchaseInfo.cs，本任务中只需获得数据，因此，只列出与此相关的部分。代码见清单 7-8。

清单 7-8　报表所用 DAL 层

```
using System;
using System.Data;
using System.Text;
using System.Data.SqlClient;

namespace DAL
{
/// <summary>
/// 数据访问类 PurchaseInfo
/// </summary>
public class PurchaseInfo
{
    public PurchaseInfo()
    {}
```

```
/// <summary>
/// 获得数据列表
/// </summary>
public DataSet GetList(string strWhere)
{
    StringBuilder strSql=new StringBuilder();
    strSql.Append(
      "SELECT  PurchaseID,PurchaseDate,SupplierID,UserID,
         PurchaseMoney,PurchaseType FROM PurchaseInfo ");
    if(strWhere.Trim()!="")
    {
        strSql.Append(" where "+strWhere);
    }
        return SqlHelper.ExecuteDataset(strSql.ToString());
    }
}
```

第三步，加载数据表结构。保存文件后，打开报表设计文件 CrystalReport1.rpt，在"字段资源管理器"视图，选择"数据库字段""数据库专家"菜单，弹出"数据库专家"对话框，按图 7-25 所示在.NET 对象下选择实体 Model.PurchaseInfo 类作为报表数据源结构。与 ADO.NET 数据集相似，数据源结构被加载到"数据库字段"中。

第四步，设计报表。按图 7-26 所示设计简单报表。

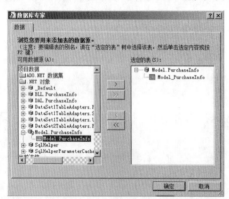

图 7-25 水晶报表.NET 对象数据源的设置　　图 7-26 以.NET 对象为数据源的水晶报表设计界面

第五步，加载数据。打开 Default.aspx 文件，编写 Page_Load 事件方法，代码见清单 7-9。

清单 7-9 报表数据源的加载

```
protected void Page_Load(object sender, EventArgs e)
{
    BLL.PurchaseInfo purchaseinfo = new BLL.PurchaseInfo();
CrystalReportSource1.ReportDocument.SetDataSource(
purchaseinfo.GetModelList(""));
}
```

第六步，测试页面。浏览页面，显示报表符合要求。至此，本任务已经完成。

说明

使用.NET 对象作为数据源，其实这个对象就是关于记录的集合，而不是单个记录对象。将对象分成多层有利于提高可重用性。

任务 7-6 使用<table>标签将数据记录导出到 Excel 文件

需求：

使用<table>标签将查询到的数据表 DataTable 数据写入 Excel 文件中，并读出。工作表如图 7-27 所示。

购物记录			
购物日期	用户ID	金额	购物类型ID
2009/4/12 0:00	TEST01	1545	1
2009/4/13 0:00	TEST01	29570	1
2009/4/14 0:00	TEST01	24400	1

图 7-27 Excel 导出文件中工作表

分析：

使用<table>标签将数据写入纯文本文件内，只要将文件扩展名设为 xls 即可在 Excel 中打开与打印。

实现：

第一步，添加页面。新建文件夹 06，添加动态页面 default.aspx，设置标题为“使用<table>标签将数据记录导出到 Excel 文件”。

第二步，实现写入。在页面中添加按钮，设置 ID 为 btn_WriteToExcel，设置其 Text 属性为“导出到 Excel”，并调用任务 7-5 中定义的 App_Code 定义的实体类、业务层类和数据访问层类，将访问到的数据写入文本文件 PurchaseInfo.xls 中。代码如清单 7-10 所示。

清单 7-10 以 Tables 标签的文本形式导出数据

```
protected void btn_WriteToExcel_Click(object sender, EventArgs e)
{
System.IO.StreamWriter sw = new System.IO.StreamWriter
  (Server.MapPath("PurchaseInfo.xls"),false,System.Text.Encoding.Default);
    sw.WriteLine("<table border=1 >");
  sw.WriteLine("<tr><td colspan=4 align=center style='font-size:16pt'>
    购物记录</td></tr>");
  sw.WriteLine(
  "<tr><td>购物日期</td><td>用户 ID</td><td>金额</td><td>购物类型 ID</td>
  </tr>");
    BLL.PurchaseInfo bll_purchaseinfo = new BLL.PurchaseInfo();
foreach (Model.PurchaseInfo purchaseinfo in bll_purchaseinfo.
GetModelList(""))
    {
        string s =
        string.Format(
            "<tr><td>{0}</td><td>{1}</td><td>{2}</td><td>{3}</td></tr>",
                purchaseinfo.PurchaseDate,
                purchaseinfo.UserID,
                purchaseinfo.PurchaseMoney,
                purchaseinfo.PurchaseType);
        sw.WriteLine(s);
    }
```

```
    sw.WriteLine("</table>");
    sw.Close();
}
```

第三步，实现读出。在页面中添加按钮，设置 ID 为 btn_ReadFromExcel，设置其 Text 属性为“打开 Excel”，将 PurchaseInfo.xls 以网页的形式打开。代码见清单 7-11。

清单 7-11　打开 Excel 文件

```
protected void btn_ReadFromExcel_Click(object sender, EventArgs e)
{
    Response.Redirect("PurchaseInfo.xls");
}
```

第四步，测试页面。浏览页面，单击第一个按钮写入 PurchaseInfo.xls，再单击第二个按钮，以 Excel 方式打开 PurchaseInfo.xls 文件。至此，本任务已经完成。

说明

用这种方式导出为 Excel 文件时，操作简单也容易理解。只要有 HTML 基础即能写出满足项目要求的报表。

创建流书写器对象时，第二个参数为 true 时表示追加方式，为 false 时表示覆盖方式。

向文本文件中写入文本时，必须指定文本编码方式，否则打开 Excel 时会出现乱码。

如果有多页数据，应将这多页数据放在多个<table>中，在多个<table>中插入<div style="page-break-after:always;"></div>实现分页。

任务 7-7　使用 Excel 对象库将数据记录导出到 Excel 文件

需求：

使用 Excel 对象库操作 Excel 单元格，并将 Excel 文件另存为扩展名为 mht 的网页格式，如图 7-28 所示。

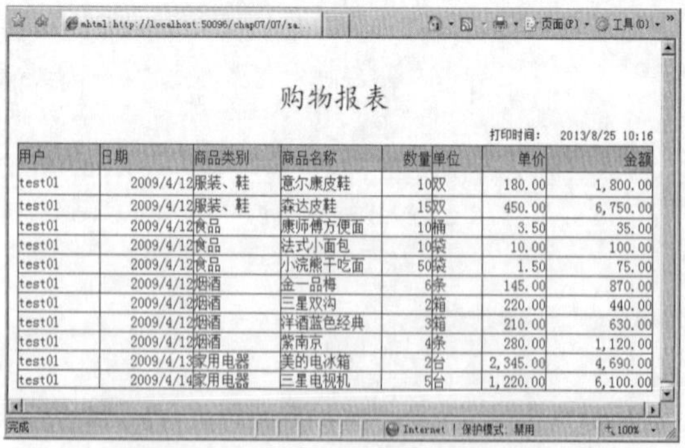

购物报表

打印时间：　2013/8/25 10:16

用户	日期	商品类别	商品名称	数量	单位	单价	金额
test01	2009/4/12	服装、鞋	意尔康皮鞋	10	双	180.00	1,800.00
test01	2009/4/12	服装、鞋	森达皮鞋	15	双	450.00	6,750.00
test01	2009/4/12	食品	康师傅方便面	10	桶	3.50	35.00
test01	2009/4/12	食品	法式小面包	10	袋	10.00	100.00
test01	2009/4/12	食品	小浣熊干吃面	50	袋	1.50	75.00
test01	2009/4/12	烟酒	金一品梅	6	条	145.00	870.00
test01	2009/4/12	烟酒	三星双沟	2	箱	220.00	440.00
test01	2009/4/12	烟酒	洋酒蓝色经典	3	箱	210.00	630.00
test01	2009/4/12	烟酒	紫南京	4	条	280.00	1,120.00
test01	2009/4/13	家用电器	美的电冰箱	2	台	2,345.00	4,690.00
test01	2009/4/14	家用电器	三星电视机	5	台	1,220.00	6,100.00

图 7-28　Excel 导出文件中页面

分析：

使用 Excel 对象库，操作 Excel 单元格，为减少编码的工作量，可以在 Excel 程序中按所需格式建立一个相当于空表的 Excel 文件，用编程的方法填充空白单元格，来完成任务。

实现：

第一步，添加页面。新建文件夹 07，添加的动态页面 default.aspx，设置标题为"使用 Excel 对象库将数据记录导出到 Excel 中"，添加一个按钮，设置 ID 为"btn_WriteToExcel"，标题为 "导出到网页"。

第二步，建立名为 sample.mht 文件。按图 7-29 所示完成 sample.mht 文件的建立。新建 Excel 文件，以单个网页形式保存文件。其中部分操作说明如下：
① 图像是用插入图片实现的；
② 打印日期插入日期类的函数 Now 实现当前时间的显示，日期格式自定义为"yyyy/m/d h:m"；
③ 设置表头背景为灰色；
④ 设置单价、金额格式为两位小数的货币。金额是数量×单价的计算值，因此金额列为公式列：H5=E5*G5。

第三步，添加对 Excel 对象库的引用。右击网站项目，添加引用，在 COM 选项卡中查找并选择"Microsoft Excel 11.0 Object Library 1.5"选项，网站根目录下增加下列文件夹和文件，如图 7-30 所示。

图 7-29　导出文件 Excel 页面设计　　　　图 7-30　Excel 对象库的引用文件

第四步，实现写入与读出。在页面中添加按钮，设置 ID 为 btn_WriteToExcel，设置其 Text 属性为"导出并浏览网页"。

为引用 Excel 对象库所在的 Excel 命名空间，添加命名空间导入语句"using Excel"；为在页面内使用 Excel 对象，添加清单 7-12 所示的页面类的字段变量。

清单 7-12　页面类中使用 Excel 对象字段变量的定义

```
ApplicationClass app;
Workbooks workbooks;
_Workbook workbook;
Sheets sheets;
_Worksheet worksheet;
object mo = System.Reflection.Missing.Value;
```

为退出 Excel 时关闭已打开的对象，释放所占资源，建立一个 Excel_Quit 方法，代码见清单 7-13。

清单 7-13　退出 Excel 应用程序的方法定义

```
private void Excel_Quit()
{
    workbook.Close(true, mo, mo);
    workbooks.Close();
    System.Runtime.InteropServices.Marshal.ReleaseComObject(worksheet);
```

```
            System.Runtime.InteropServices.Marshal.ReleaseComObject(workbook);
            System.Runtime.InteropServices.Marshal.ReleaseComObject(workbooks);
            workbooks = null;
            workbook = null;
            worksheet = null;
            app.Quit();
            System.Runtime.InteropServices.Marshal.ReleaseComObject(app);
            app = null;
            GC.Collect();
        }
```

为"导出并浏览网页"按钮，添加单击事件方法，完成从 Data2.xsd 数据集文件中获取数据，写入样表文件"sample.mht"中，再另存为"sample1.mht"进行浏览。代码见清单 7-14。

清单 7-14　以 Excel 对象形式填写 Excel 单元格

```
        protected void btn_WriteToExcel_Click(object sender, EventArgs e)
        {
            app = new Excel.ApplicationClass();
            if (app == null)
            {
                return;
            }
            app.Visible = false;
            app.UserControl = true;
            workbooks = app.Workbooks;
            workbook = workbooks.Add(Server.MapPath("sample.mht"));//添加样表文件
            sheets = workbook.Worksheets;
            worksheet = (_Worksheet)sheets.get_Item(1);
            if (worksheet == null)
            {
                return;
            }
            DataSet2 ds = new DataSet2();
            DataSet2TableAdapters.PurchaseInfoTableAdapter adp = new
            DataSet2TableAdapters.PurchaseInfoTableAdapter();
            adp.Fill(ds.PurchaseInfo);
            int row=5;
            DataSet2.PurchaseInfoDataTable datatable = ds.PurchaseInfo;
            if (datatable.Rows.Count == 0)
            {
                this.RegisterStartupScript("",
                "<script>alert('无购物记录，按任意键将中止后续操作')</script>");
                return;
            }
            //填充首行
            worksheet.Cells[row, 1] = datatable.Rows[0]["UserName"];
worksheet.Cells[row, 2] = datatable.Rows[0]["PurchaseDate"].ToString().
Split(new char[] { ' ' })[0];
            //取日期部分
            worksheet.Cells[row, 3] = datatable.Rows[0]["ClassName"];
```

```csharp
worksheet.Cells[row, 4] = datatable.Rows[0]["GoodsName"];
worksheet.Cells[row, 5] = datatable.Rows[0]["PurchaseCount"];
worksheet.Cells[row, 6] = datatable.Rows[0]["GoodsUnit"];
worksheet.Cells[row, 7] = datatable.Rows[0]["Price"];
//填充其他行
for (int i = 1; i < datatable.Rows.Count; i++)
{
    //复制上一行
    worksheet.get_Range(
  worksheet.Cells[row + i - 1, 1], worksheet.Cells[row + i - 1, 8]).
  Copy(worksheet.get_Range(worksheet.Cells[row + i, 1], worksheet.
  Cells[row + i, 8]));
    //填充本行
    worksheet.Cells[row+i, 1] = datatable.Rows[i]["UserName"];
    worksheet.Cells[row + i, 2] = datatable.Rows[i]["PurchaseDate"].
    ToString().Split(new char[] { ' ' })[0];
    //取日期部分
    worksheet.Cells[row+i, 3] = datatable.Rows[i]["ClassName"];
    worksheet.Cells[row+i, 4] = datatable.Rows[i]["GoodsName"];
    worksheet.Cells[row+i, 5] = datatable.Rows[i]["PurchaseCount"];
    worksheet.Cells[row+i, 6] = datatable.Rows[i]["GoodsUnit"];
    worksheet.Cells[row+i, 7] = datatable.Rows[i]["Price"];
}
    //删除已有文件 sample1.mht
if (System.IO.File.Exists(Server.MapPath("sample1.mht")))
    System.IO.File.Delete(Server.MapPath("sample1.mht"));
    //将 sample.mht 另存为 sample1.mht
    workbook.SaveAs(Server.MapPath("sample1.mht"), Excel.XlFileFormat.
xlWebArchive,
mo, mo, mo, mo, Excel.XlSaveAsAccessMode.xlNoChange, mo, mo, mo, mo, mo);
    Excel_Quit();
    Response.Redirect("sample1.mht");
}
```

第五步，测试页面。浏览页面，至此，本任务已经完成。

> **说明**
>
> 为了简化操作，本任务中只是从样式开始，实现报表输出，该文件可以在 Excel 中重新打开、编辑和打印。
>
> 关于 Excel 对象的操作，读者可以借助于 Excel 的宏工具，录制所需的操作，然后参考录制的宏代码，写出 C#导出程序。

任务 7-8　使用 GDI+绘制验证码

需求：

使用 GDI+对象，绘制随机验证码，如图 7-31 所示。

图 7-31　随机验证码

分析：

动态网页中不仅可以显示文字，也可以显示动画、电影、图像和图形。

显示图像可以使用 Web 控件，也可以使用<img scr=图像文件 url />标签，它们简单实用，但功能有限，只能显示已有的图像文件。利用.NET 所拥有图形设备接口 GDI+的强大绘图功能，可以轻松实现在服务器端自由绘图然后以图像的形式发往客户端的功能。

GDI+图形对象作图包含如下四方面：

① 建立图形设备及对象；
② 绘图；
③ 发送至客户端；
④ 释放图形设备及对象。

实现：

第一步，添加显示图像的页面。新建文件夹 08，添加动态页面 default.aspx，设置标题为"使用 GDI+绘制验证码"。

第二步，添加产生图像的页面。添加产生图像的动态页面 ValidateCode.aspx。

第三步，产生验证码文本。编写产生验证码字符串方法 ValidCode，验证中的字符是数字或字母。代码见清单 7-15。

清单 7-15　产生验证码字符串方法定义

```
private string ValidCode(int len)
{
    string s = "ABCDEFGHIJKLMNOPQRSTUVWXYZabcdefghijklmnopqrstuvwxyz0123456789";
    int n=s.Length;
    string validcode="";
    Random rnd=new Random(DateTime.Now.Millisecond);
    for (int i = 0; i < len; i++)
        validcode += s.Substring(rnd.Next(n), 1);
    return validcode;
}
```

第四步，绘制图像。编写 CreateCheckCodeImage 方法，产生验证字符串图像。在设置矩形绘图区域后，按后画内容覆盖先画内容的关系，绘制背景白色和背景噪音线、绘制字符串、绘制前景噪音、绘制边框线点等部分。代码见清单 7-16。

清单 7-16　绘制验证码图像的方法定义

```
private void CreateCheckCodeImage(string checkCode)
{
    if (checkCode == null || checkCode.Trim() == String.Empty)
        return;
    //设置矩形绘图区域
    System.Drawing.Bitmap image = new System.Drawing.Bitmap(
    (int)Math.Ceiling((checkCode.Length * 12.5)), 22);
    Graphics g = Graphics.FromImage(image);
    try
    {
        //生成随机生成器
```

```csharp
            Random random = new Random(DateTime.Now.Millisecond);
            //绘制背景白色
            g.Clear(Color.White);
            //画图片的背景噪音线
            for (int i = 0; i < 25; i++)
            {
                int x1 = random.Next(image.Width);
                int x2 = random.Next(image.Width);
                int y1 = random.Next(image.Height);
                int y2 = random.Next(image.Height);
                g.DrawLine(new Pen(Color.Silver), x1, y1, x2, y2);
            }

            Font font = new System.Drawing.Font("Arial", 12, (System.Drawing.FontStyle.Bold | System.Drawing.FontStyle.Italic));
            //字符串画刷采用线性渐变画刷,从左上角蓝色到右下角红色
            System.Drawing.Drawing2D.LinearGradientBrush brush =
new System.Drawing.Drawing2D.LinearGradientBrush(new Rectangle(0, 0, image.Width, image.Height), Color.Blue, Color.DarkRed, 1.2f, true);
            //画校验码字符串
            g.DrawString(checkCode, font, brush, 2, 2);

            //画图片的前景噪音点
            for (int i = 0; i < 100; i++)
            {
                int x = random.Next(image.Width);
                int y = random.Next(image.Height);
                image.SetPixel(x, y, Color.FromArgb(random.Next()));
            }

            //画图片的边框线
            g.DrawRectangle(new Pen(Color.Silver), 0, 0, image.Width - 1, image.Height - 1);
            //向请求端发出响应数据
            System.IO.MemoryStream ms = new System.IO.MemoryStream();
            image.Save(ms, System.Drawing.Imaging.ImageFormat.Gif);
            Response.ClearContent();
            Response.ContentType = "image/Gif";
            Response.BinaryWrite(ms.ToArray());
        }
        catch (Exception ex) { }
        finally
        {
            //释放绘图所占资源
            g.Dispose();
            image.Dispose();
        }
}
```

第五步,完成图像的绘制与发送。在 ValidateCode.aspx 页面的 Page_Load 事件方法中,

调用上一步的绘图方法 CreateCheckCodeImage，完成绘制图像并将图像数据发送到请求端的任务。代码见清单 7-17。

清单 7-17　绘制并发送验证图像

```
protected void Page_Load(object sender, EventArgs e)
{
    CreateCheckCodeImage(ValidCode(4));
}
```

第六步，接收并显示图像。在 default.aspx 页面中添加图像标签<img>，设置 src 属性，向绘制图像的页面发出请求，接收响应的图像数据。界面代码见清单 7-18。

清单 7-18　接收并显示图像

```
<form id="form2" runat="server">
    <div>
        <img alt="使用GDI+绘制验证码" src="ValidateCode.aspx" />
    </div>
</form>
```

第七步，测试页面。浏览 default.aspx 页面，页面上就会显示随机产生的四个字符验证码，刷新页面，验证码图像也被刷新，符合验证的要求。至此，本任务已经完成。

> **说明**
>
> 用 GDI+绘制图像，在编程上灵活，可以随心所欲绘制各种图像，如统计图表，但难度和工作量较大。
>
> 从服务器端绘制图像传送时，数据量较大，如果要不断从服务器端绘制较大图像时，则页面效率较低，客户端可能会有图像闪烁的感觉。
>
> 多人同时访问此网站，给服务器带来的负担较大，这些在设计大型或实时性要求较高的网站时，必须充分考虑。下一个任务可以很好解决此问题。

任务 7-9　使用 VML 绘制时钟

需求：

使用 VML 和 AJAX 技术绘制时钟，显示服务器端当前时间，如图 7-32 所示。

分析：

VML（Vector Markup Language，矢量可标记语言）相当于 IE 里面的画笔，能在客户端实现用户想要的图形。结合 AJAX 脚本，可以接受服务器端让图形产生动态的效果。

图 7-32　VML 绘制的时钟

实现：

第一步，添加静态页面。新建文件夹 09，添加用于绘制时钟的静态页面 htmlpage.html，设置标题为"使用 VML 绘制时钟"。

第二步，添加动态页面。添加用于提供数据的动态页面 GetVMLData.aspx，删除该页面中除首行"<%@ Page..."之外的所有代码。

第三步，实现客户端 VML 绘图。在静态页面 htmlpage.html 中导入 VML 绘图所需的命名空间。代码见清单 7-19。

清单 7-19　导入 VML 绘图所需的命名空间

```
<html xmlns:v="urn:schemas-microsoft-com:vml"
xmlns:o="urn:schemas-microsoft-com:office:office">
```

设置 VML 绘图中默认行为。代码见清单 7-20。

清单 7-20　设置 VML 绘图中默认行为

```
<style>
    v\:* { behavior: url(#default#VML);}
    o\:* { behavior: url(#default#VML);}
</style>
```

建立界面。添加时钟显示所需的标签。其中有两层：第一层 Container 用于显示背景时钟表盘图像，第二层 DrawArea 用于绘制时钟指针和时间数字，这两层定位方式与参数相同。代码见清单 7-21。

清单 7-21　时钟界面设计

```
<body>
    <div id="Container" style="position: absolute; left: 100; top: 100;">
        <img src="时钟表盘.png" style="position: absolute;"/>
    </div>
    <div id="DrawArea" style="position:absolute;left:100;top:100;">
    </div>
</body>
```

编写绘图函数。按服务器端与客户共同的数据模式读取数据，组成 VML 绘制语句文本，最后作为第二层 DrawArea 的内嵌标签。代码见清单 7-22。

清单 7-22　客户端绘图函数的定义

```
//绘图函数
function draw(data)
{
    //服务器端与客户共同的数据模式
    //Center=\d{1,},\d{1,}
    //Hour=\d{1,},\d{1,}Minute=\d{1,},\d{1,}
    //Second=\d{1,},\d{1,}Sec=\d{1,},\d{1,}
    //Time=\d{1,2}:\\d{1,2}:\d{1,2}
    var re=/Center=(\d{1,},\d{1,})Hour=(\d{1,},\d{1,})
Minute=(\d{1,},\d{1,})Second=(\d{1,},\d{1,})
Sec=(\d{1,},\d{1,})Time=(\d{1,2}:\d{1,2}:\d{1,2})/g
    var vml="";
    re.test(data);
    //绘制时针
    vml+="<v:line style='position:absolute' from='"+RegExp.$1+ "'
to='"+RegExp.$2+"'/>";
    //绘制分针
```

```
    vml+="<v:line style='position:absolute' from='"+RegExp.$1+ "'
    to='"+RegExp.$3+"'/>";
    //绘制秒针
    vml+="<v:line style='position:absolute' from='"+RegExp.$1+ "'
    to='"+RegExp.$4+"'/>";
    var sx,sy,sec;
    sec=(RegExp.$5).split(',');
    sx=parseInt(sec[0],10)-2;
    sy=parseInt(sec[1],10)-2;
    //绘制秒针小圆圈
    vml+="<v:oval style='position:absolute;left:"+sx+"px;top:"+sy+";
    width:5;height:5;'/>"
    //绘制时间数字显示区方框
    vml+="<v:Rect style='position:relative;width:70;height:20;left:14;
    top:100;
   text-align:center;'/>";
    //绘制时间数字显示
    vml+="<v:textbox style='position: absolute; left:18; top: 103;
    font-family:宋体;'>"+RegExp.$6+"</v:textbox>";
    DrawArea.innerHTML=vml;
}
```

第四步，请求与接收数据。编写并调用客户端请求与接收函数 talktoServer 实现服务器端实时数据的请求与接收。代码见清单 7-23。

清单 7-23　客户端请求与接收服务器端数据函数定义

```
//客户端代码
function talktoServer(url){
    //创建 XmlHttp 对象
    var req = new ActiveXObject("Microsoft.XMLHTTP");
    //打开 url 页面
    //注册客户端回调函数
    req.open("Post", url, true);//无参数时一定使用 Post,true：异步
    req.onreadystatechange = function()
    {
        if (req.readyState == 4 && req.status == 200)
        {//已经加载且返回成功
            var responseText =req.responseText;
            draw(responseText);
        }
    }
    req.send(null);
    setTimeout("talktoServer('"+url+"')",1000);
}
talktoServer("GetVMLData.aspx");
```

第五步，产生服务器端实时数据。编写服务器端代码，产生并发送数据到请求方。代码见清单 7-24。

清单 7-24　服务器端响应数据的产生与发送

```
protected void Page_Load(object sender, EventArgs e)
```

```
{
    string response;
    response = "";
    double Hour = DateTime.Now.Hour;
    double Minute = DateTime.Now.Minute;
    double Second = DateTime.Now.Second;

    //服务器端与客户共同的数据模式
    //Center=\d{1,},\d{1,}
    //Hour=\d{1,},\d{1,}Minute=\d{1,},\d{1,}
    //Second=\d{1,},\d{1,}Sec=\d{1,},\d{1,}
    //Time=\d{1,2}:\\d{1,2}:\d{1,2}
    int cx=50;
    int cy=54;
    int sx= cx + (int)(30 * Math.Sin(Second*6 / 180.0 * Math.PI));
    int sy= cy - (int)(30 * Math.Cos(Second * 6 / 180.0 * Math.PI));
    int mx= cx + (int)(25 * Math.Sin(Minute * 6 / 180.0 * Math.PI));
    int my= cy - (int)(25 * Math.Cos(Minute * 6 / 180.0 * Math.PI));
    int hx= cx + (int)(20 * Math.Sin((Hour+Minute/60)*30 / 180.0 * Math.PI));
    int hy= cy - (int)(20 * Math.Cos((Hour + Minute / 60) * 30 / 180.0 * Math.PI));
    int sx1=  cx + (int)(25 * Math.Sin(Second*6 / 180.0 * Math.PI));
    //秒针小圆圈中心
    int sy1= cy - (int)(25 * Math.Cos(Second * 6 / 180.0 * Math.PI));

    response += string.Format("Center={0},{1}Hour={2},{3}Minute={4},{5}Second={6},{7}
    Sec={8},{9}Time={10:00}:{11:00}:{12:00}",
  cx,cy,hx,hy,mx,my,sx,sy,sx1,sy1,Hour,Minute,Second);
    Response.Write(response);
}
```

第六步，测试页面。浏览静态页面，此时时钟已能运行了。至此，本任务已经完成。

> **说明**
>
> 客户端代码应放在界面标签之后，这样不会造成对界面标签引用错误。
>
> 时间是从服务器端用 DateTime.Now 获取的。
>
> 本任务中演示了作图中常用的线、矩形面、图形和文本等常见元素，读者可以用此查询数据库中的数据，按一定格式组成文本。
>
> 本任务数据模式中的"Center="之类非模式字符可以省略，在这里只增强可读性，但增加了数据传输量。读者可以试着去掉这部分。
>
> 更多关于 VML 的介绍请浏览网上资源（http://www.itlearner.com/code/vml/）。

任务 7-10　使用 FusionCharts 组件绘制图表

需求：

使用第三方 Flash 与 JS 的开发组件，绘制统计图表，如图 7-33 所示。

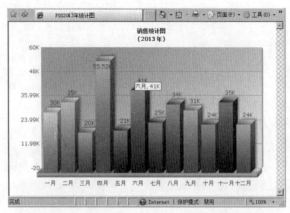

图 7-33　使用 FusionCharts 组件绘制的图表

分析：

第三方制作软件的 Flash 组件提供了 swf 文件，以此作为模板，读取 JS 定义的类对象数据显示特定的统计图表。

实现：

第一步，添加用于显示的静态页面。新建文件夹 10，添加用于显示的静态页面 htmlpage.html，设置标题为"POS2013 年统计图"。

第二步，添加用于提供数据的动态页面。动态页面的文件名为 GetData.aspx，删除该页面中除首行"<%@ Page…"之外的所有代码。

第三步，复制引用第三方组件所需资源。将 FusionCharts.js 复制到网站根目录下的 js 目录中，在 10 文件夹中新建一个名为 charts 文件夹，将通常使用的 swf 文件复制到 charts 文件夹中。

第四步，添加对 FusionCharts.js 的引用。在静态页面中，添加清单 7-25 所示代码以引用 FusionCharts.js 中的脚本。

清单 7-25　对 FusionCharts.js 的引用

```
<script type="text/JavaScript" src="../js/FusionCharts.js"></script>
```

第五步，建立图表显示容器。在静态页面 htmlpage.html 中添加清单 7-26 所示的界面，其中"chartdiv"作为图表的显示区域。

清单 7-26　图表显示容器 DIV 的定义

```
<div style="position: absolute; left: 10px; top: 10px;" >
    <div id="chartdiv" style="position: absolute; left: 0px; top: -30px;" />
</div>
```

第六步，编写绘图函数。定义变量，保存时获取绘图数据的服务器页面 URL，编写绘图函数定义。代码见清单 7-27。

清单 7-27　客户端绘图函数的定义

```
//绘图函数
var url='getdata.aspx';
//绘图函数
function geneCharts()
```

```
{
    var chart = new FusionCharts(
    'charts/Column3D.swf', //图表类型
    '', 600, 400,//图表尺寸
     '0', '0');
    chart.setDataURL(url);
    chart.render('chartdiv');//在'chartdiv'作图
}
```

第七步，请求与接收数据。编写并调用客户端请求与接收函数 talktoServer。代码见清单 7-28。

清单 7-28　客户端请求与响应函数的定义与调用

```
//客户端请求与响应函数
function talktoServer(){
    //创建 XmlHttp 对象
    var req = new ActiveXObject("Microsoft.XMLHTTP");
    //打开 url 页面
    req.open("POST", url, true);//true：异步
    //注册客户端回调函数
    req.onreadystatechange = function(){
        if (req.readyState == 4 && req.status == 200) {
            //已经加载且返回成功
            geneCharts();
        }
    }
    req.send(null);
}
//调用客户端请求与响应函数
talktoServer();
```

第八步，产生服务器端实时数据。编写服务器端代码，产生并返回数据到请求方。代码见清单 7-29。

清单 7-29　服务器端响应数据的产生与发送

```
public string getData()//获得数据库查询数据，组成 swf 文件所需要的格式
{
    string[]month=new string[]{"一月","二月","三月","四月","五月","六月",
"七月","八月","九月","十月","十一月","十二月"};
    string sql;
    string str = "";
    sql="SELECT SUM(PurchaseMoney) AS purchasemoney "+"FROM PurchaseInfo "+
    "WHERE (YEAR(PurchaseDate) = 2009 "+"GROUP BY MONTH(PurchaseDate) "+
    "ORDER BY MONTH(PurchaseDate)";
    DataSet ds=SqlHelper.ExecuteDataset(sql);
    for(int i=0;i<12;i++)
        str += string.Format("<set label='{0}' value='{1}'/>",
        month[i], ds.Tables[0].Rows[i][0].ToString());
    return str;
}
//设置图表样式和数据，发往客户端
```

```
protected void Page_Load(object sender, EventArgs e)
{
    System.Text.StringBuilder xmlData = new System.Text.StringBuilder();
xmlData.AppendFormat("<chart palette='2' basefontsize='12' bgColor='#FFFFFF'
showvalues='1'animation='1' showhovercap='1' chartRightMargin='30'
  chartTopMargin='30' caption='销售统计图' subCaption='(2013年)'
  yAxisMinValue='-20'  yAxisMaxValue='120'  >");
    xmlData.AppendFormat(getData());
    xmlData.Append("</chart>");
    Response.ContentType = "text/xml;characterset=utf-8";
    Response.BinaryWrite(new byte[] { 0xEF, 0xBB, 0xBF });
    Response.Output.Write(xmlData.ToString());
    Response.End();
}
```

第九步，测试页面。浏览静态页面，报表以动画的形式显示出来。至此，本任务已经完成。

> **说明**
>
> "chartdiv"层中的设置 top:-30px 是将图表上移-30 px。请读者试着将-30 px 改为 0 px，观察结果。
>
> 在实时系统中使用动画效果不太合适，去除动画只要将 Page_Load 事件方法中 animation 设为"0"即可。
>
> 如果不需要显示每个柱形图的值，只要将 Page_Load 事件方法中 showvalues 设为"0"即可。

单元 8

ASP.NET 内部对象与网站部署

本单元要点

- Cookie 对象作用与读/写
- ViewState 对象作用与读/写
- Session 对象作用与读/写
- Application 对象作用与读/写
- Cache 对象作用与读/写
- Global.asax 结构与意义
- Web.config 结构与意义
- 网站部署与发布

任务 8-1　使用 Cookie 对象记录客户信息

需求：

客户按类别浏览商品，退出浏览器，甚至关机重启后，再次打开浏览器进入本页时，继续弹出上次最后浏览过商品类别的商品列表。

分析：

在用户重新启动浏览器（甚至重新启动计算机）后，要保留上次的信息，必须将部分状态信息以文件形式保存到客户端的机器外存中，下次从外存中读取。ASP.NET 提供了这一机制，它就是 Cookie 对象。

实现：

第一步，添加页面。新建网站项目 chat08，新建名为 01 的文件夹，将任务 4-8 的文件复制到该文件夹中。

第二步，在 Web.config 中配置本单元任务的数据连接。

第三步，改写 DataList1_SelectedIndexChanged 事件方法，使得每次单击某个商品类别时记录其行号。代码见清单 8-1。

清单 8-1　DataList 控件选项变化时保存数据到 Cookie 对象中

```
protected void DataList1_SelectedIndexChanged(object sender, EventArgs e)
{
    //数据绑定，显示所选商品类别的商品列表
    DataList1.DataBind();
    //取出的索引以文本格式写到 Cookie 中（内存）
    Response.Cookies["ClassInfo"].Value =
        DataList1.SelectedItem.ItemIndex.ToString();
    //写 Cookie 到外存
    Response.Cookies["ClassInfo"].Expires = DateTime.Now.AddDays(7);
}
```

第四步，处理页面加载事件。编写 Page_Load 事件方法，使得每次加载页面时选择上次最后单击的商品类别，显示其对应的商品列表。代码见清单 8-2。

清单 8-2　恢复保存在 Cookie 对象中的信息

```
protected void Page_Load(object sender, EventArgs e)
{
    if (!IsPostBack)
    {
        if (Request.Cookies["ClassInfo"] == null) return;
        int index =int.Parse( Request.Cookies["ClassInfo"].Value);
        DataList1.SelectedIndex = index;
        DataList1.DataBind();
    }
}
```

第五步，测试页面。浏览页面，单击第二个商品类别，退出浏览器，或停止 Web 服务器，或重新启动计算机，再次打开本页面，显示仍然是上次最后打开的状态。至此，本任务已经完成。

> **说明**
>
> 写 Cookie 状态变量使用了 Response 对象,它表示从服务器端到客户端的响应,用下列格式的语句写到内存:Response.Cookies["Cookie 名称"].Value = ClassInfo。
>
> 真正写到外存必须设置其失效期。如果让 Response.Cookies["ClassInfo"].Expires = DateTime.Now.AddDays(7),则在写入后 7 天内有效;如果让 Response.Cookies["ClassInfo"] 立即失效,则执行语句:Response.Cookies["ClassInfo"].Expires = DateTime.Now.AddDays(-1)。
>
> 读 Cookie 也使用了 Request 对象,它表示从客户端到服务器端的请求。读取 Cookie 状态变量的表达式格式为:Response.Cookies["Cookie 名称"].Value。
>
> 在读取前,必须保证 Response.Cookies["Cookie 名称"]状态变量不空。
>
> 使用 Cookie 状态变量可以实现在不太重要的情况下,使用户登录两周内有效免登录。读者可以尝试实现。

任务 8-2　使用 ViewState 对象记录客户登录页内失败的次数

需求:

使用服务器端 HiddenField 控件可以保存信息到客户端,下次请求时又能获得。使用 ViewState 对象,可以取代 HiddenField 控件且操作方便。

分析:

页面类对象是无状态的,在请求结束时服务器端数据将释放。通过 ViewState 对象可以实现读/写客户端数据。

实现:

第一步,添加页面。新建文件夹 02,添加名为 login.aspx 的动态页面,按图 8-1 所示设计界面。

图 8-1　用户登录运行界面

第二步,实现登录。编写用户登录方法 UserLogin,查询数据库,由查询结果判断登录成功与失败。代码见清单 8-3。

清单 8-3　用 ViewState 对象记录登录失败的次数

```
private void UserLogin()
{
```

```
    string sql=string.Format(
    "select * from usersinfo where username='{0}' and password='{1}'",
        txtUserName.Text,txtPassword.Text);

    DataSet ds = SqlHelper.ExecuteDataset(sql);
    if (ds.Tables[0].Rows.Count == 0)
    {
        lbl_Info.Visible = true;
        ViewState["errorcount"] =
        (int.Parse(ViewState["errorcount"].ToString()) + 1);
        lbl_Info.Text = string.Format
        ("错误登录已有{0}次", ViewState["errorcount"]);
    }
    else
        Response.Redirect("#");
}
```

第三步，处理页面加载事件。编写页面 login.aspx 的 Page_Load 事件方法，完成页面初始化或调用用户登录方法 UserLogin。代码见清单 8-4。

清单 8-4　登录页面加载事件的方法定义

```
protected void Page_Load(object sender, EventArgs e)
{
    if (!IsPostBack)
    {
        if (ViewState["errorcount"] == null)
            ViewState["errorcount"] = "0";
        txtUserName.Attributes.Add("onkeyup", "txt_UserName_keyup()");
        txtPassword.Attributes.Add("onkeyup", "txt_Password_keyup()");
    }
    else
    {
        UserLogin();
    }
}
```

第四步，测试页面。浏览登录页面，在页面中随意输入几个错误的用户名和密码。观察提示信息的变化。至此，本任务已经完成。

> **说明**
>
> 　　文本框黑框全透明，属性设置成：border:1px solid black; background: transparent；显示错误的 Label 半透明，属性设置成：filter: alpha(opacity=50)。
> 　　界面中没有按钮，在密码文本框按【Enter】键后用语句"form1.submit()"提交请求。
> 　　本任务当然也可以用 Cookie 实现，但执行效率不高。因为 ViewState 状态保存在服务器响应客户端请求的页面中，是在客户端内存中。ViewState 状态仅限于本页面，不能将

状态数据传递到另一个页面。而 Cookie 状态是保存在客户端外存，它是可以将状态数据传递到另一个页面，甚至 Cookie 还能将状态信息传递到另一个网站中，但只是针对某一台机器。

任务 8-3　使用 Session 对象向其他页面传递客户登录信息

需求：

只有登录成功才能进入其他页面，否则自动转到登录页面。实现超过 1 min，先前成功的登录将失效。

分析：

ASP.NET 为访问网站的每个用户建立了 Session 对象，每个用户都有 SessionID。根据程序需要，建立访问用户的 Session 状态变量，该状态变量保存在服务器中，在本站点可以跨页面传递数据。用户登录成功后，设置 Session 状态变量，其他页面则在 Page_Load 事件方法中判断这个 Session 状态变量，由此决定继续打开本页面，还是跳回到登录页面。

实现：

第一步，添加页面。新建文件夹 03，复制上一任务文件夹下所有文件到 03 文件夹。在 03 文件夹中，添加一个动态页面名为 index.aspx，作为网站首页。编写其 Page_Load 事件方法，判断用户登录信息。代码见清单 8-5。

清单 8-5　网站首页加载事件的方法定义

```
protected void Page_Load(object sender, EventArgs e)
{
    if (Session["UserName"] != null)
        lbl_Login.Text = Session["UserName"].ToString() + "，你好！";
    else
        Response.Redirect("login.aspx");
}
```

第二步，实现注销。在 index.aspx 页面中添加 ID 为 btn_Logout 按钮，编写按钮单击事件处理方法，实现注销功能。注销后页面回到 login.aspx。代码见清单 8-6。

清单 8-6　网站首页注销功能的实现

```
protected void btn_Logout_Click(object sender, EventArgs e)
{
    Session.Abandon();
    Page_Load(sender, e);
}
```

第三步，实现登录。修改用户登录方法记录用户登录成功的信息，如果登录成功则该用户的用户名存储到状态变量 Session["UserName"]中。代码见清单 8-7。

清单 8-7　登录页面的登录方法定义

```
private void UserLogin()
```

```
    {
        string sql=string.Format(
    "select * from usersinfo where username='{0}' and password='{1}'",
    txtUserName.Text,txtPassword.Text);

        DataSet ds = SqlHelper.ExecuteDataset(sql);
        if (ds.Tables[0].Rows.Count == 0)
        {
            lbl_Info.Visible = true;
            ViewState["errorcount"] =
            (int.Parse(ViewState["errorcount"].ToString()) + 1);
            lbl_Info.Text = string.Format
            ("错误登录已有{0}次", ViewState["errorcount"]);
        }
        else
        {
            //登录成功时
            Session.Timeout = 1;
            Session["UserName"] = ds.Tables[0].Rows[0]["UserName"].ToString();
            Response.Redirect("index.aspx");
        }
    }
```

第四步，测试页面。浏览 index.aspx 页面，因为开始没有登录，页面跳转到 login.aspx；登录成功后返回到首页 index.aspx；单击"注销"按钮，则页面又回到 login.aspx；再次登录成功后，保持 1 min 内不请求任何页面，再刷新 index.aspx 页面，则因超时页面又回到 login.aspx。至此，本任务已经完成。

说明

Session 状态变量用于存储某一个用户访问某一站点的跨页面的数据，它的存储方是服务器端，可以存储在 Web 服务器内存，可以存储在 SQL 服务器的数据库中。

Session 状态变量的存储类型不只是本任务中的 string 类型，也可以是其他对象类型，甚至是集合对象类型。

Session 状态变量因占用系统资源，不能长期保存，一般默认保存时间为 20 min，即 20 min 内不访问网站（指不提交，在客户端移动鼠标或滚动页面不在提交之列），则 Session 被收回。

Session 对象的 Abandon 是取消当前会话。原先所有保存在 Session 状态变量中的数据将全部失效。

如果需要每个页面都做登录判断，则要进行与 index.aspx 中 Page_Load 事件方法相同的编码，如果疏忽对页面编码，则用户可以不登录就能访问。为此，ASP.NET 通过"全局应用程序类"文件 global.asax 对此做统一设置。global.asax 只有存储在网站根目录下有效。代码见清单 8-8。

清单 8-8　会话开始事件的方法定义

```
void Session_Start(object sender, EventArgs e)
{
```

单元8 | ASP.NET内部对象与网站部署

```
        // 在新会话启动时运行的代码
        Response.Redirect("~/03/login.aspx");
}
```

读者将 index.aspx 页面的 Page_Load 事件方法中的 else 部分删除后，再测试，记录并分析现象。

任务 8-4　使用 Application 对象记录当前在线访客

需求：

Application 对象可以记录网站应用程序的状态信息，可在多个用户、多个页面之间实现信息共享，如图 8-2 所示。

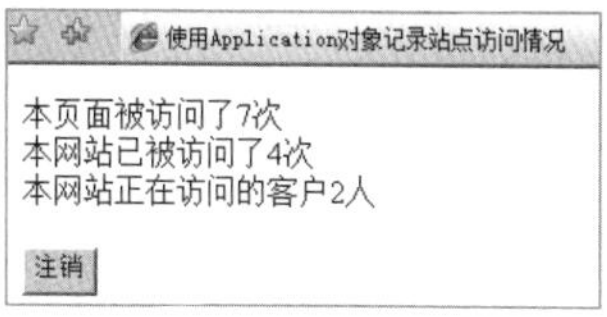

分析：

将当前在线访客列表存储到 Application 状态变量中。

图 8-2　使用 Application 对象的运行界面

实现：

第一步，添加页面。新建文件夹 04，添加名为 default.aspx 的动态页面，并设置页面标题"使用 Application 对象记录站点访问情况"。

第二步，设计界面。在 default.aspx 中添加显示信息的 Label 控件（ID 为 lbl_Info）和用于注销的按钮控件（ID 为 btn_logout）。

第三步，建立全局应用程序文件。添加 Global.asax 文件，编写清单 8-9 所示的代码，实现在网站开始运行时创建所有 Application 状态变量、在某个会话结束时修改部分 Application 状态变量。

清单 8-9　应用程序文件相关事件的方法定义

```
void Application_Start(object sender, EventArgs e)
{
    // 在应用程序启动时运行的代码
    Application["PageClick"] = 0;
    Application["WebVisiting"] = 0;
    Application["WebVisited"] = 0;
}

void Session_Start(object sender, EventArgs e)
{
    // 在新会话启动时运行的代码
    Application.Lock();
    Application["WebVisiting"] = (int)Application["WebVisiting"] + 1;
    Application["WebVisited"] = (int)Application["WebVisited"] + 1;
    Application.UnLock();
}

void Session_End(object sender, EventArgs e)
{
    // 在会话结束时运行的代码
```

```
        // 注意：只有在 Web.config 文件中的 sessionstate 模式设置为
        // InProc 时，才会引发 Session_End 事件。如果会话模式设置为 StateServer
        // 或 SQL Server，则不会引发该事件
        Application.Lock();
        Application["WebVisiting"] = (int)Application["WebVisiting"] - 1;
        Application.UnLock();

    }
```

第四步，实现页面加载事件。编写 default.aspx 页面的 Page_Load 事件方法，在首次加载时修改页面访问信息。在页面请求时显示所有 Application 状态变量数据。代码见清单 8-10。

清单 8-10　页面加载事件方法定义

```
    protected void Page_Load(object sender, EventArgs e)
    {
        if (!IsPostBack)
        {
            Application.Lock();
            Application["PageClick"] = (int)Application["PageClick"] + 1;
            Application.UnLock();
        }
        lbl_Info.Text = string.Format(
            "本页面被访问了{0}次<br />"+
            "本网站已被访问了{1}次<br />"+
            "本网站正在访问的客户{2}人",
            Application["PageClick"],
            Application["WebVisited"],
            Application["WebVisiting"]);
    }
```

第五步，实现注销。编写"注销"按钮单击事件方法。完成取消当前会话并关闭当前浏览器窗口。代码见清单 8-11。

清单 8-11　页面注销功能的实现

```
    protected void btn_logout_Click(object sender, EventArgs e)
    {
        Session.Abandon();//退出
        //关闭浏览器窗口
        Response.Write(
   "<script>window.open('', '_self', ''); window.close();</script>");
    }
```

第六步，测试页面。不同的用户在不同的时间访问不同的页面，结果符合任务需求。至此，本任务已经完成。

> **说明**
>
> 在 Global.asax 中对 Application 状态的初始化是最合适的。
> Global.asax 中还封装了 Application 对象和 Session 对象的有关事件。
> 在写 Application 状态变量时，为防止多个访客同时写同一个 Application 状态变量而造成并发异常，使用了写入前进行加锁，禁止其他访客；写入后进行解锁，允许其他访问写入。

任务 8-5 使用 Cache 对象存储用户表信息

需求：

使用 Cache 对象存储用户表信息，页面从 Cache 对象中读取数据。

分析：

Cache 和 Application 一样，其状态信息存储在 Web 服务器的内存中，整个应用程序共用一份。多个用户从 Cache 对象中读取数据可以加快页面加载，减少访问数据库的时间。Cache 对象的数据更新机制很丰富，有绝对时间过期、平滑时间过期和文件内容变化等，本任务中 Cache 对象的数据更新采用了文件依赖机制，在被依赖的文件发生改变时自动更新 Cache 对象的数据。

实现：

第一步，添加页面。新建文件夹 05，添加名为 Userlist.aspx 动态页面用于显示用户表。添加名为 appenduser.aspx 动态页面用于添加用户。

第二步，建立 Userlist.aspx 动态页面的界面。按图 8-3 所示界面和清单 8-12 所示代码，设计用户界面。

图 8-3 显示用户界面设计

清单 8-12 用户界面的设计

```
<asp:GridView ID="GridView1" runat="server" AutoGenerateColumns="False"
DataKeyNames="UserID"EmptyDataText="没有可显示的数据记录." Height="76px" Width=
"240px">
    <Columns>
        <asp:BoundField DataField="UserID" HeaderText="UserID" ReadOnly="True"
            SortExpression="UserID"/>
        <asp:BoundField DataField="UserName" HeaderText="UserName"
            SortExpression="UserName"/>
    </Columns>
</asp:GridView>
<br/>
<asp:Label ID="lbl_Info" runat="server" Text=""></asp:Label>
```

其中 ID 为"lbl_Info"的标签用于显示 Cache 是否在页面请求时建立。

第三步，建立 Cache 对象。调用 Cache 类的 InsertCache 方法建立 Cache 的对象，编写 Cache 对象被删除时回调方法 CacheRemovedCallback，实现对 Cache 的对象的主动更新。使用 Cache 类之前必须先导入其所属的命名空间 System.Web.Caching，代码见清单 8-13。

清单 8-13 建立 Cache 对象

```
//建立名为"userlist"的 Cache 对象
private void InsertCache()
{
    DataSet ds = SqlHelper.ExecuteDataset("select userid,username from usersinfo");
    Cache.Insert("userlist", ds,//Cache 名称，存储对象
        new CacheDependency(Server.MapPath("updatedate.txt")),//依赖文件
        DateTime.MaxValue, //绝对时间过期, DateTime.MaxValue 表示绝对时间永不过期
```

```
            TimeSpan.Zero,//变化时间过期,TimeSpan.Zero 表示变化时间永不过期
            CacheItemPriority.Default,//Cache 对象存储优先级
            CacheRemovedCallback//Cache 对象被删除时的回调方法名
            );
}
//回调方法,Cache 对象被删除时调用,主动更新
private void CacheRemovedCallback(string key, object value,
CacheItemRemovedReason removedReason)
{
    InsertCache();
}
```

第四步,处理用户表页面的加载事件。代码见清单 8-14。

清单 8-14　Userlist.aspx 页面的 Page_Load 事件方法

```
protected void Page_Load(object sender, EventArgs e)
{
    if (Cache["userlist"] == null)//被动更新
    {
        InsertCache();
        lbl_Info.Text = "新建 Cache。时间是" + DateTime.Now.ToString ();
    }
    else
    {
        lbl_Info.Text = "";
    }
    GridView1.DataSource = Cache["userlist"] as DataSet;
    GridView1.DataBind();
}
```

第五步,建立 AppendUser.aspx 动态页面的界面。按图 8-4 所示界面和清单 8-15 所示代码,设计"添加用户"界面。

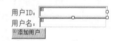

图 8-4　建立用户界面设计

清单 8-15　添加用户界面设计

```
用户 ID:<asp:TextBox ID="txt_UserID" runat="server"></asp:TextBox><br />
用户名:<asp:TextBox ID="txt_UserName" runat="server"></asp:TextBox><br />
<asp:Button ID="btn_AppendUser" runat="server" Text="添加用户"
OnClick="btn_AppendUser_Click" />
```

第六步,实现用户添加。编写 btn_AppendUser 按钮的单击事件方法实现添加用户,重写 Cache 对象所依赖的文件 updatedate.txt,它删除原 Cache 对象,通过回调方法引发 Cache 对象的重建。代码见清单 8-16。

清单 8-16　添加用户方法定义

```
protected void btn_AppendUser_Click(object sender, EventArgs e)
{
string sql=string.Format(
    "insert into usersinfo values('{0}','{1}','666666','',1)",
    txt_UserID.Text,txt_UserName.Text);
    SqlHelper.ExecuteNonQuery(sql);
System.IO.StreamWriter sw = new System.IO.StreamWriter
```

```
(Server.MapPath("updatedate.txt"),false,System.Text.Encoding.Default);
sw.WriteLine(DateTime.Now.ToString());//重写文件,引用Cache对象的更新
sw.Close();
}
```

第七步,测试。停止 Web 服务器后,打开 default.aspx 页面,此时重启 Web 服务器,页面将建立 Cache 对象(被动地),页面上 lbl_Info 控件显示 Cache 对象建立的时间。刷新或重新请求 lbl_Info 控件不显示任何消息,说明 Cache 对象存在。打开 AppendUser.aspx 页面,添加一个用户后,刷新 Userlist.aspx 页面,用户列表被更新了,但 lbl_Info 控件并未显示 Cache 对象建立的时间。这说明 Cache 对象在页面请求时已通过回调方法更新了。至此,本任务已经完成。

> **说明**
>
> Cache 对象有检索数据速度快、过期策略丰富等特点,具体特征如表 8-1 所示。
>
> 表 8-1　Cache 对象特征
>
> | 特　征 | 特　征　值 |
> | --- | --- |
> | 存储位置 | 内存 |
> | 存储数据类型 | 任意类型 |
> | 使用范围 | 当前请求上下文,所有用户共用一份 |
> | 存储大小 | 任意大小 |
> | 生命周期 | 多种过期策略控制缓存的销毁 |
> | 安全性能 | 服务器端比较安全 |
> | 并发控制 | 具有并发控制能力,Application 则不具有 |
>
> 建立缓存对象使用 Cache 类的静态方法 Insert。该方法重载格式较多,现列举以下几个常用的调用格式:
>
> ① 永不过期,同 Application:Cache.Insert("Cache 对象名",数据);
>
> ② 绝对时间过期,如 5 s 后过期:Cache.Insert("Cache 对象名",数据,null,DateTime.Now.AddSeconds(5),TimeSpan.Zero);
>
> ③ 变化时间过期,如 5 s 无人访问:Cache.Insert("Cache 对象名",数据,null,DateTime.MaxValue,TimeSpan.FromSeconds(5));
>
> ④ 依赖过期,数据库数据或文件内容:Cache.Insert("Cache 对象名",数据, new CacheDependency(Server.MapPath("依赖文件名")));
>
> 移除缓存对象使用 Cache 类的静态方法 Remove,格式为 Cache.Remove("Cache 对象名")。使用清单 8-17 所示代码段则可移除所有缓存对象。
>
> 清单 8-17　移除所有 Cache 对象
>
> ```
> IDictionaryEnumerator CacheEnum = HttpRuntime.Cache.GetEnumerator();
> while(CacheEnum.MoveNext( ))
> {Cache.Remove(CacheEnum.Key.ToString());}
> ```
>
> 读取缓存对象时要进行类型转换运算。
> 回调方法相当于事件方法,在 Cache 对象被移除时调用。

任务 8-6　使用内部对象制作简易的 AJAX 聊天室

需求：

　　使用 AJAX 技术实现群聊，最多显示最近的 10 条聊天记录，如图 8-5 所示。

分析：

　　通过登录进入聊天室，用户登录成功后将用户名保存在 Session["UserName"]中，使用队列保存最近 10 条聊天记录。队列保存在 Application 状态变量中。

图 8-5　简易聊天室运行界面

实现：

　　第一步，添加页面。新建文件夹 06，将 03 文件夹中的登录页面 Login.aspx 及其相关内容复制到该文件夹中。

　　第二步，实现登录。按清单 8-18 所示修改 login.aspx 中的 UserLogin()方法。

清单 8-18　登录界面方法定义

```
private void UserLogin()
{
    string sql=string.Format(
"select * from usersinfo where username='{0}' and password='{1}'",
    txtUserName.Text,txtPassword.Text);

    DataSet ds = SqlHelper.ExecuteDataset(sql);
    if (ds.Tables[0].Rows.Count == 0)
    {
        lbl_Info.Visible = true;
        ViewState["errorcount"] =
        (int.Parse(ViewState["errorcount"].ToString()) + 1);
        lbl_Info.Text = string.Format("错误登录已有{0}次",
        ViewState["errorcount"]);
    }
    else
    {
        Session.Timeout = 10;
        Session["UserName"] = ds.Tables[0].Rows[0]["UserName"].ToString();
        if (Session["url"] == null) Session["url"] = "ChartRoom.aspx";
        Response.Redirect(Session["url"].ToString());
    }
}
```

　　第三步，新建聊天室动态页面。其文件命名为 ChartRoom.aspx，按图 8-5 所示设计界面。代码见清单 8-19。

清单 8-19　聊天室界面设计

```
<html xmlns="http://www.w3.org/1999/xhtml">
<head runat="server">
    <title>简易聊天室</title>
```

```
</head>
<body>
    <form id="form1" runat="server">
        <div style="font-size: 16px; font-family: 宋体; position: absolute;
        width: 90%;left: 5%; top: 0px; height: 1px;">
            <h1 style="text-align: center">
                简易聊天室</h1>
            <div id="content" style="position: absolute; width: 100%;
            height: 295px; top: 58px; border: 1px black solid;
            overflow: auto;">
            </div>
        </div>
        <div id="Div1" style="position: absolute; width: 90%; height: 60px;
        left: 5%; top: 374px; text-align: right;">
            <input id="txt_Say" style="width: 100%;height:24px;font-size: 16px;
            font-family: 宋体;" type="text" />
            <img id="face" height="20px" width="20px"
            style="vertical-align:middle" />
            <input id="Button1" type="button" value="无表情"
            onclick="return Button1_onclick()" />
            <input id="btn_Send" style="width: 60px" type="button"
            value="发送" onclick="btn_Send_onclick()" />
            <span>
                <img alt="" src="face/0.gif" onclick="face.src=this.src;" />
                <img alt="" src="face/1.gif" onclick="face.src=this.src;" />
                <img alt="" src="face/2.gif" onclick="face.src=this.src;" />
                <img alt="" src="face/3.gif" onclick="face.src=this.src;" />
                <img alt="" src="face/4.gif" onclick="face.src=this.src;" />
                <img alt="" src="face/5.gif" onclick="face.src=this.src;" />
                <img alt="" src="face/6.gif" onclick="face.src=this.src;" />
                <img alt="" src="face/7.gif" onclick="face.src=this.src;" />
                <img alt="" src="face/8.gif" onclick="face.src=this.src;" />
                <img alt="" src="face/9.gif" onclick="face.src=this.src;" />
            </span>
        </div>
    </form>
</body>
</html>
```

其中，有三个 DIV 分别容纳标题、最近聊天记录和发送三个部分。

第四步，实现聊天室客户端操作。在 ChartRoom.aspx 中添加客户端脚本，将它放在<html>标签的后面，这是因为它引用了<html>中的标签。代码见清单 8-20。

清单 8-20　聊天室客户端脚本

```
<script language="JavaScript" type="text/JavaScript">
var url="data.aspx";
//发送请求
function btn_Send_onclick() {
    var s=document.getElementById("txt_Say").value;
    var f=document.getElementById("face").src;
    talktoServer(url+"?say="+s+"&face="+f)
```

```
}
//无表情
function Button1_onclick() {
    document.getElementById("face").src="";
    document.getElementById("txt_Say").focus();
}

//客户端请求与接收
function talktoServer1000(url){
    //创建 XmlHttp 对象
    var req = new ActiveXObject("Microsoft.XMLHTTP");
    //打开 url 页面
    //注册客户端回调函数
    req.open("Post", url, true);//无参数时一定使用 Post,true：异步
    req.onreadystatechange = function(){
        if (req.readyState == 4 && req.status == 200) {//已经加载且返回成功
            var responseText =req.responseText;
            content.innerHTML=responseText;
            var say = document.getElementById("txt_Say");
            say.focus();
        }
    }
    req.send(null);
    setTimeout("talktoServer1000('"+url+"')",1000);//定时刷新
}

talktoServer1000(url);
</script>
```

修改 Web.config 增加对于语言编码的设置，防止显示汉字时出现乱码。代码见清单 8-21。

清单 8-21　Web.config 中语言编码的设置

```
<globalization requestEncoding="gb2312" responseEncoding="gb2312" />
```

第五步，页面数据处理。添加专用于数据处理的无界面的动态页面 data.aspx，编写其 Page_Load 事件方法。代码见清单 8-22。

清单 8-22　数据页加载事件方法定义

```
protected void Page_Load(object sender, EventArgs e)
{
    string msg="";
    if (Cache["content"] == null)//被动更新
    {
        Queue<string> content = new Queue<string>();
        Cache.Insert("content", content);//建立名为"userlist"的 Cache 对象
    }
    else
    {
        Queue<string> content = Cache["content"] as Queue<string>;
        string say = Request.QueryString["say"]==null?"":Request.QueryString ["say"];
        string face =
        Request.QueryString["face"] == null ?"": Request.QueryString["face"];
```

```
        if (say.Length > 0)
        {
            if (content.Count >= 10)
                content.Dequeue();
            if(face.Length>0)//有表情
                content.Enqueue(
                string.Format(
                "{0} <img src='{1}'/>{2}   说:{3}",
                    Session["UserName"].ToString(),
                    face,
                    DateTime.Now.ToLongTimeString(),
                    say));
            else//无表情
                content.Enqueue(
                string.Format("{0} {1}   说:{2}",
                    Session["UserName"].ToString(),
                    DateTime.Now.ToLongTimeString(),
                    say));

        }
        foreach (string m in content)
        {
            msg += m + "<br />";
        }

    }
    Response.Write(msg);
}
```

第六步，测试页面。打开一个 IE 浏览器窗口，浏览聊天室页面 ChartRoom.aspx，将自动导航到 login.aspx 页面，登录成功后用户将返回到聊天室页面 ChartRoom.aspx，这时可以自言自语了。为了测试对聊，打开另一个 IE 浏览器窗口，和前面一样打开聊天室页面 ChartRoom.aspx。这时两个窗口代表了两个用户，对聊成功。至此，本任务已经完成。

> **说明**
>
> 多用户通过 Cache 状态变量传递聊天信息。
>
> 使用服务器端文件操作可以将 Face 文件夹下所有图片以<img>标签列表的形式写到客户端。
>
> 本任务中所用的知识点较多，包含 DIV 布局、JS 编程、AJAX 技术、数据库查询、ASP.NET 内部对象、Web.config 等，作为综合复习练习很有用。建议读者认真阅读、理解、应用、完善，最终提高自己的网站开发能力。

任务 8-7　配置 Web.config，实现对不同文件夹下的文件授权

需求：

按图 8-6 所示配置网站的 Web.config，通过 Forms 认证，对不同的文件授予不同的权限，使部分页面不需要登录就可以打开，而另外部分页面必须登录才能打开。

分析：

ASP.NET 中文件可以有多个同名 Web.config 存储在不同的文件夹中，这点不同于 Globel.asax（唯一存储在网站根目录）。在各自的 Web.config 中进行授权，覆盖上级目录中 Web.config 的相同设置，从而实现不同文件的不同授权。通过 Forms 身份验证，可以使用所创建的登录窗体验证用户的用户名和密码，未经过身份验证的请求被重定向到登录页，用户在该页上提供凭据和提交窗体。通过身份验证的，系统会颁发一个票证，该票证是打开所有页面的密钥。对前面提到的"未经过身份验证的请求"通过身份验证后，会自动跳回该页面。

实现：

第一步，建立页面。新建文件夹 07，复制 03 文件夹登录页面 login.aspx 及其相关文件到 07 文件夹中。按图 8-7 所示在 07 文件夹的 login.aspx 页面上添加一个复选框，设置 ID 为 chk_Persist。

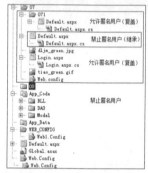
图 8-6 不同文件夹下的文件授权

图 8-7 用户登录设计界面

第二步，修改客户端 JS 脚本。实现 txt_UserName 回车后跳到 chk_Persist 上，chk_Persist 回车后跳到 txt_Password，txt_Password 回车后提交表单。代码见清单 8-23。

清单 8-23 登录页面客户端 JS 脚本

```
function txt_UserName_keyup()
{
    if(event.keyCode==13)
    {
        var chk_Persist=document.getElementById ("chk_Persist");
        chk_Persist.focus();
    }
}

function chk_Persist_keyup()
{
    if(event.keyCode==13)
    {
        var txtPassword=document.getElementById ("txtPassword");
        txtPassword.focus();
    }
}

function txt_Password_keyup()
{
```

```
        if(event.keyCode==13)
        {
            form1.submit();
        }
    }
```

第三步,修改 login.aspx 页面的 Page_Load 事件方法,为服务器端控件指定客户端事件处理函数,保持与上一步一致。代码见清单 8-24。

清单 8-24　登录页面加载事件方法定义

```
protected void Page_Load(object sender, EventArgs e)
{
    if (!IsPostBack)
    {
        if (ViewState["errorcount"] == null)
            ViewState["errorcount"] = "0";
        txtUserName.Attributes.Add("onkeyup", "txt_UserName_keyup()");
        chk_Persist.Attributes.Add("onkeyup", "chk_Persist_keyup()");
        txtPassword.Attributes.Add("onkeyup", "txt_Password_keyup()");
    }
    else
    {
        UserLogin();
    }
}
```

第四步,修改 login.aspx 页面中用户登录方法。代码见清单 8-25。

清单 8-25　登录页面登录方法定义

```
private void UserLogin()
{
string sql=string.Format(
    "select * from usersinfo where username='{0}' and password='{1}'",
        txtUserName.Text,txtPassword.Text);

    DataSet ds = SqlHelper.ExecuteDataset(sql);
    if (ds.Tables[0].Rows.Count == 0)
    {
        lbl_Info.Visible = true;
        ViewState["errorcount"] =
        (int.Parse(ViewState["errorcount"].ToString()) + 1);
        lbl_Info.Text = string.Format("错误登录已有{0}次", ViewState
["errorcount"]);
    }
    else
    {
        FormsAuthentication.RedirectFromLoginPage(
            ds.Tables[0].Rows[0]["UserID"].ToString(), //用户标识
            chk_Persist.Checked//是否创建持久Cookie(跨浏览器会话保存的Cookie)
            );
    }
}
```

第五步,修改网站根目录下的 Web.config。在<system.web>节内设置认证方式为"Forms",授权方式为"禁止所有匿名用户"。代码见清单 8-26。

清单 8-26　网站根目录下 Web.config 文件中授权方式的设置

```
<authentication mode="Forms">
    <forms name="401kApp" loginUrl="/07/login.aspx"/>
</authentication>
<authorization>
    <deny users="?"/>
</authorization>
```

第六步,建立并配置 07 文件夹下的 Web.config。在 07 文件夹下新建一个 Web.config 文件,授权"允许所有用户"访问所有除 Default.aspx 文件以外的文件(即 login.aspx 及其相关文件),"禁止匿名用户"访问 Default.aspx 页面。代码见清单 8-27。

清单 8-27　07 文件夹下 Web.config 文件中授权方式的设置

```
<?xml version="1.0" encoding="utf-8"?>
<!-- 注意:除了手动编辑此文件以外,您还可以使用 Web 管理工具来配置应用程序的设置。
    可以使用 Visual Studio 中的"网站"->"ASP.NET 配置"选项。
    设置和注释的完整列表在 machine.config.comments 中,该文件通常位于
    \Windows\Microsoft.NET\ Framework\v2.0.xxxxx\Config 中
-->
<configuration>
    <appSettings/>
    <connectionStrings/>
    <location allowOverride="true" path="default.aspx" >
    <system.web>
        <authorization>
            <deny users="?"/>
        </authorization>
    </system.web>
    </location>

    <location allowOverride="true" path="." >
        <system.web>
            <authorization>
                <allow users="*"/>
            </authorization>
        </system.web>
    </location>
</configuration>
```

第七步,在 07 文件夹中添加 Default.aspx。Default.aspx 用来测试其"禁止匿名用户"授权方式,界面代码见清单 8-28。

清单 8-28　07 文件夹下页面的界面设计

```
<html xmlns="http://www.w3.org/1999/xhtml" >
<head runat="server">
    <title>登录后才能打开的页面</title>
</head>
```

```
<body>
    <form id="form1" runat="server">
    <div>
        登录后才能打开的页面
    </div>
    </form>
</body>
</html>
```

第八步，建立 07/071/Default.aspx 页面。在 07 文件夹中新建文件夹 071，并在 071 文件夹中添加 Default.aspx，以测试其继承于上级 Web.config 的"允许所有用户"授权方式。界面代码见清单 8-29。

清单 8-29　07/071 文件夹下 Web.config 文件中授权方式的设置

```
<html xmlns="http://www.w3.org/1999/xhtml" >
<head runat="server">
    <title>所有人都能访问的071文件夹的页面</title>
</head>
<body>
    <form id="form1" runat="server">
    <div>
        所有人都能访问的页面。
    </div>
    </form>
</body>
</html>
```

第九步，建立网站根目录下的 Default.aspx 页面。在网站根目录文件夹下添加 Default.aspx 页面，测试其"禁止匿名用户"的授权方式。代码见清单 8-30。

清单 8-30　网站根目录文件夹 Default.aspx 页面界面设计

```
<html xmlns="http://www.w3.org/1999/xhtml" >
<head runat="server">
    <title>根目录页面</title>
</head>
<body>
    <form id="form1" runat="server">
    <div>
        只有登录使用本页面
    </div>
    </form>
</body>
</html>
```

第十步，测试。分别浏览在网站根目录文件夹、07 文件夹和 071 文件夹下的 Default.aspx 和 07 文件夹下的 login.aspx 页面。结果，只有 071 文件夹下的 Default.aspx 和 07 文件夹下的 login.aspxs 可见，其他都报"404 文件未找到"错误。本应跳转到 07 文件夹下的 login.aspx，待下一个"网站发布"任务完成后就能看到这个效果了。至此，本任务已经完成。

> **说明**
>
> <authentication /> 是认证设置，<authorization /> 是授权设置，两者关系是没有获得认证的用户是得到任何授权的。
>
> loginUrl 设置为 "Login.aspx"。Login.aspx 是 ASP.NET 在找不到包含请求内容的身份验证 Cookie 的情况下进行重定向时所使用的 URL。
>
> name 设置为 ".ASPXFORMSAUTH"。这是为包含身份验证的 Cookie 的名称设置的扩展名。如果正在一台服务器上运行多个应用程序并且每个应用程序都需要唯一的 Cookie，则必须在每个应用程序的 Web.config 文件中配置 Cookie 名称。属性可选，默认值为 ".ASPXAUTH"。
>
> ?：匿名用户，指没有登录的用户，*：指所有用户。
>
> FormsAuthentication.RedirectFromLoginPage 方法的作用是将经过身份验证的用户重定向回最初请求的 URL 或默认 URL。
>
> FormsAuthentication.SignOu 方法从浏览器删除 Forms 身份验证票证。该语句可以用在 Global.asax 的 Session_End 事件方法中。
>
> Web.config 文件的<location allowOverride="true" path="." >设置中，allowOverride 属性指定配置设置是否可以被子目录中的 Web.config 文件的配置设置重写。默认值为 True。path 属性指定应用包含的配置设置的资源。如果使用不带 path 属性的 location，并且 allowOverride 为 False，则配置设置不能被子目录中的 Web.config 文件更改。
>
> Web.config 设置项目很多，受篇幅所限，只列以下几个常用设置：
> ① 用<appSettings/>设置常量；
> ② 用<connectionStrings/>设置连接串；
> ③ 用<sessionState />设置 Session 对象存储方式；
> ④ 用<compilation />设置编译方式，调试成功应将 debug 属性设置为 False；
> ⑤ 用<globalization />设置请求和响应的编码方式。

任务 8-8 网站部署与发布

需求：

将本单元对应的网站部署并发布到指定文件夹中。

分析：

网站部署包括数据库部署、项目部署（即网站部署）、.NET Framework 部署、引用组件部署和其他文件部署。网站发布是将网站文件打包到共享文件夹中，以方便用户下载后安装。网站应先部署再发布。

实现：

第一步，设置数据库连接。数据库部署只需复制数据库文件到网站根目录下的某个子目录，通常选择网站目录下的 App_Data，这样发布网站后，系统会自动附加数据库系统。

使用 SQL Express 系统建立的数据库，可以使用清单 8-31 所示的连接。

清单 8-31　SQL Express 数据库连接串的设置

```
Data Source=数据库服务器\SQLEXPRESS;
AttachDbFilename=|DataDirectory|\数据库文件名.mdf;
Integrated Security=True;
User Instance=True
```

使用 SQL Server 系统建立的数据库，可以使用清单 8-32 所示的连接。

清单 8-32　SQL Server 数据库连接串的设置

```
Data Source=数据库服务器;
Initial Catalog=数据库名;
User ID=用户名;pwd=密码"
```

第二步，项目部署（即网站部署）。将网站项目所有文件都放在网站目录之下（其实这些在建立时就已做到），有的被编译到应用程序中，成为程序集 dll，包括页面、用户控件、数据集、报表设计文件等。而不能编译的文件，如图形、文本文件等，放在网站目录之下即可，程序中应使用相对路径，Server.MapPath("~")表达式可引用当前路径。

第三步，.NET Framework 部署。

作为运行.NET 的服务器一定要安装了.NET framework。支持.NET 主机都事先安装了.NET Framework。如果没有安装则可以下载.NET Framework 安装包为 dotnetfx.exe 等文件即可。

第四步，引用组件部署。只要将引用组件放在网站目录下即可。

第五步，发布网站。右击网站，选择"发布网站"命令，按图 8-8 所示预编译当前网站到指定目录。

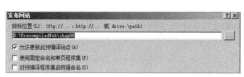

图 8-8　"发布网站"对话框

其中，取消选择"允许更新此预编译站点"复选框，则在所有扩展名为.aspx 的文件中都看不到其源代码。

第六步，添加网站。打开"控制面板""管理工具""Internet 信息服务(IIS)管理器"，按图 8-9 和图 8-10 所示建立添加网站。

图 8-9　IIS 中添加网站（一）

图 8-10　IIS 中添加网站（二）

第七步，设置默认页面。在 IE 浏览器中浏览网站已授权的页面 http://127.0.0.2/07/071/default.aspx，页面不用登录就打开了。

第八步，测试部署。在 IE 浏览器中浏览已授权登录用户的页面 http://127.0.0.2/default.aspx，则网站自动打开 http://127.0.0.2/07/login.aspx?ReturnUrl=%2fdefault.aspx。这是 ASP.NET 2.0 的网站已将 default.aspx 设为网站默认页面，但任务 8-7 中已对网站根目录下的 Web.config 中已设置了认证方式为表单 Forms 认证，登录页面为"07/login.aspx"。所以网站被导航到 http://127.0.0.2/07/login.aspx，同时，?ReturnUrl=%2fdefault.aspx 表示登录成功后将转到"/default.aspx"（%2f 代表/）。至此，网站部署与发布已经成功。

第九步，文件上传。将部署好的网站根目录下的所有文件及文件夹压缩成 rar 文件，通过 CutFTP 软件将 rar 文件上传到已申请好的 Web 主机服务器，就可以在 Internet 上浏览了。

发布网站也可以通过制作安装项目完成。

任务 8-9 制作 Web 网站的安装项目

需求：

制作 Web 网站的安装项目完成网站的发布。

分析：

VS 2013 提供了"Web 安装项目"项目模板，使用它就能很快地完成建立。

实现：

第一步，在当前网站项目所在的解决方案中，按图 8-11 所示在"添加新项目"对话框中，添加一个新的项目"Web 安装项目"，如图 8-11 所示。

图 8-11 添加 Web 安装项目

第二步，添加文件夹、文件、程序集等到安装项目文件夹。方法是打开文件夹，复制其中的文件或下级文件夹，粘贴到安装项目相对应的目录下，如图 8-12 所示。

第三步，对系统必备的下载进行配置。右击安装项目，选择"属性"命令，弹出"属性"对话框。选择"系统必备"选项弹出图 8-13 所示的对话框，按网站系统的要求选择组件。

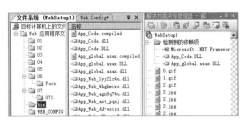 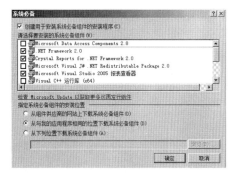

图 8-12　Web 安装项目的文件系统目录结构　图 8-13　指定系统必备组件安装资源所在位置

右击安装项目，选择"视图"命令，可以设置其他内容，这里只进行最基本的设置。

第四步，生成项目。右击安装项目，选择"生成"命令，即可生成安装项目。在 D:\Setup\chap08\WebSetup1\Debug 下建立了与组件相关的文件夹和安装文件，如图 8-14 所示。

第五步，安装项目。右击安装项目，选择"安装"命令，即可在指定目录下安装 Web 项目。安装结束后，产生的文件夹 C:\inetpub\wwwroot\chap08，为虚拟目录 chap08，如图 8-15 所示。

图 8-14　生成后 Web 安装项目相关文件夹和安装文件　　图 8-15　为 Web 网站选择安装地址

第六步，测试网站。按虚拟目录，如果能浏览到默认页面，发布任务就算基本完成。

说明

总体来看，上一个任务较为简单。使用本任务可以更加灵活地进行安装过程的选择，并对组件自动进行安装操作；一般商用的主机空间，部分组件已经安装好了。客户所需的其他组件，商家不一定同意安装，只允许通过 FTP 上传。究竟采用哪种方法发布视情况而定，建议采用前一种。